基本粒子物理超入門

一本讀懂諾貝爾獎的世界級研究

高能量加速器研究機構 多田將／著 陳朕疆／譯

目次

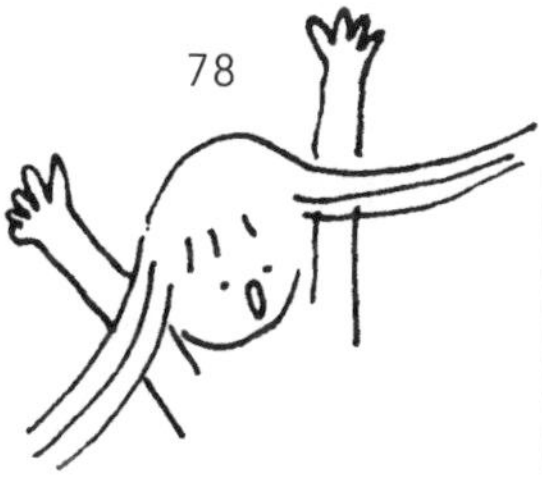

第三章 開拓「知識」的瞬間

前言

過去曾有個電視節目，叫做「Project X」。年輕人可能沒有聽過，不過這是一系列相當受歡迎的記錄片，介紹撐起日本戰後快速成長時期的偉人們，於2000年至2005年於NHK播放。

物理學家小柴昌俊老師曾在這個節目中登場。他發現了一些有助於解析微中子（neutrino）這種基本粒子的線索，並以此獲得2002年的諾貝爾物理學獎。

「超級神岡探測器」（Super-Kamiokande）是目前全世界最大的微中子探測器。而「Project X」則介紹其原型「神岡探測器」的建設過程以及相關內容。在節目的最後，進入總結時，NHK的記者問了小柴老師一個有些尖銳的問題。

「那麼，小柴老師。微中子究竟有什麼用途呢？」

我心想「這問題問得還真是直接啊」，既緊張又期待地靜觀小柴老師會如何回應這個問題。於是小柴老師這樣回答。

「過去我們發現電子的時候，沒有任何一個人知道電子會有什麼用途。然而現在，電子（＝電力）卻成為了我們生活周遭不可或缺的東西。同樣的，現在的我們也不曉得微中子有什麼用途，但數十年後，或者數百年後，微中子一定會成為與電子同樣重要的東西。」

這段話讓我相當感動。因為這段話用一般人也聽得懂的方式，說明了基礎科學的研究如何影響我們的生活，也提到需經過一定的時間才會真正影響到我們的生活。我心想，真不愧是拿到諾貝爾獎的學者。

基本粒子物理學，是為了探究這個世界上所有事物之根源的深奧學問。

聽起來或許像是在裝模作樣，但也確實因為過於深奧，感覺好像和我們的日常生活是完全不同的世界。所以一般人難免會像剛才提到的記者般，提出「那這個東西究竟有什麼用途呢？」之類的疑問。

不過我們這些物理學家可能是過於害羞，又或者是態度傲慢，常不會花太多心力解釋自己在做些什麼。

這麼說或許會得罪那些至今一直致力於物理科普書籍的作者。但我想問各位讀者們一個問題。

「您真的有完全看懂這些書在講什麼嗎？」

不是我在說，我以前是個很不認真、頭腦很差的高中生，這類物理科普書籍我沒有一本能夠從頭到尾讀完。

為什麼讀不完呢？原因也沒什麼大不了的。

因為這些作者的頭腦太好了。

仔細想想這也是理所當然的。既然要研究最深奧的學問，他們的頭腦就不可能差到哪裡去。這些老師們抱著「這樣寫讀者應該看得懂吧」的想法寫出來的內容，對一般人來說還是太困難了些⋯⋯。

我和大多數人一樣「看物理相關書籍時，常會看不懂」，但厲害的物理老師們大多不會有這樣的經驗。頭腦很聰明的老師們一看到數學式時，馬上就能理解這個算式想講些什麼，我卻辦不到。要是沒有把物理概念一個個轉換成具體的圖像或例子，就沒辦法記住。這也是我的優勢。

我常為來參觀我所任職之研究設施的人們導覽，且常有人稱讚我的說明「相當簡單易懂」。如果這不是場面話的話，大概就是因為我會在腦中描繪出具體的圖像吧。我只是把我為了理解這些物理概念而描繪出來的圖像傳達給其他人而已。

因此，為了活用我的這個優勢、為了幫助那些像我一樣在讀過物理學書籍後感到挫折的人們，我試著寫下了這本書。我用自己的方式，努力寫出有趣的內容，希望讀者閱讀本書時不會因為看不懂而中斷。

「物理學是什麼呢？」、「這又有什麼用途呢？」如果讀者能夠一口氣讀到最後，就可以看到我對這些問題的回答。這是不同於小柴老師、具備我個人風格的答案（不過別因為這樣就從後面開始看，這樣就犯規了（笑））。

這本書是以我在日本中央大學杉並高中所教授的4次課程內容為基礎製作而成。每次的課程都從學生那裡收到相當多問題，而我則會在上課時一一回答這些問題，這就是課程進行的方式。在讀這本書的時候，如果覺得有什麼地方看不太懂，通常在下一次的授課中就會解答您的疑惑。所以閱讀本書時，無須過度在意看不懂的地方，繼續看下去就對了。

特別是第二章，講的不是「實驗」而是「理論」，可能會讓人覺得有點無聊。這時只要當作自己是邊聽課（讀書）邊放空，撐一下就過去了。或者跳過第二章，直接閱讀第三章也沒關係。

那麼就讓我們馬上開始吧。

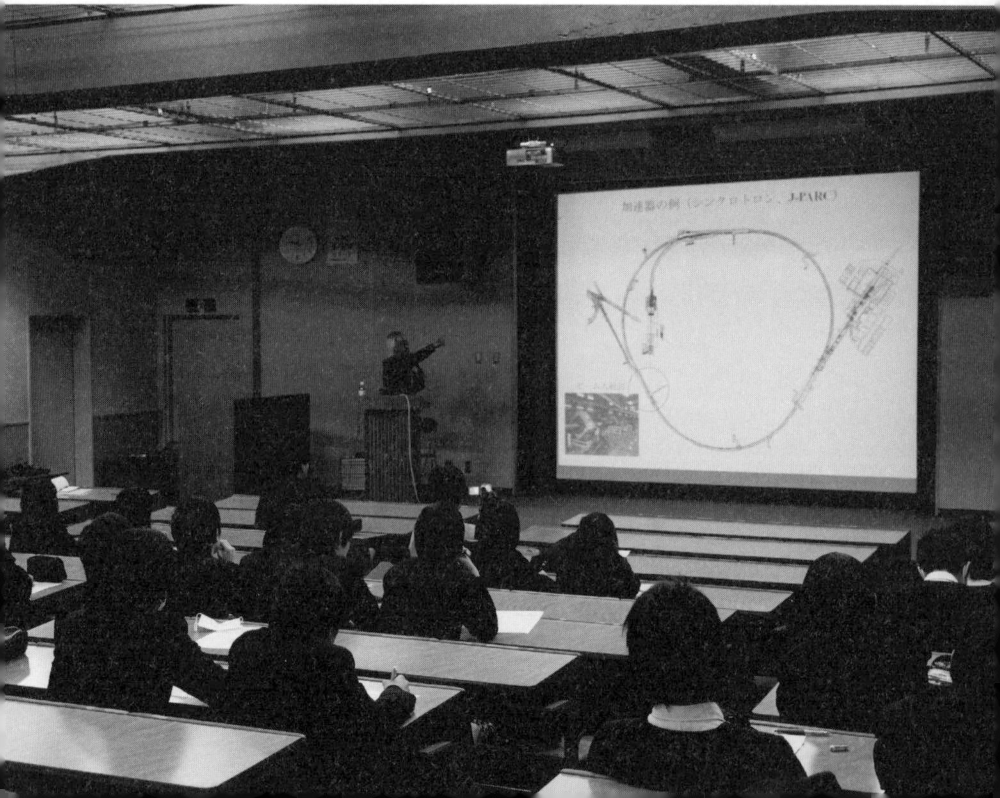
加速器の例（シンクロトロン、J-PARC）

第一章

這個世界上最龐大、最精密的機械

J-PARC如何生成微中子？

初次見面，各位好。我是多田，負責教授從今天起的4次課程，還請各位多多指教。

我會盡可能地用淺顯易懂的方式講解課程，要是有人上課上到一半時，覺得內容好像有點難的話，隨時都可以提問。不管是什麼樣的問題都可以。

在我所任職的研究所內，我常為前來參觀設施的民眾導覽，或者協助設施的宣傳活動。而在這些過程中最常被問到的問題就是「你真的是這個地方的職員嗎？」，第二常被問到則是「你平常是怎麼保養頭髮的呢？」之類的問題……（笑）。就算是這種問題也沒關係，歡迎你們多多提問。

突然冒出這麼一個金髮男子，可能會讓各位覺得有些疑惑吧。那麼就先從自我介紹開始吧。

先簡單說明一下我的學經歷，我從京都大學理學部畢業以後，就讀京都大學研究所並取得博士學位，接著在化學研究所進行物理學的研究，這段期間我一直待在京都大學。大約在7年前，因為茨城縣的東海村要建立一個名為J-PARC的物理學研究設施，於是他們請我去協助部分設計。我所負責的部分是微中子實驗中被稱為粒子束通道的裝置設計。

我現在除了在這個設施工作外，在「高能量加速器研究機構」（高能研）也有一個辦公室。雖然這2個地方都在茨城縣內，卻有一段不算短的距離，我工作時需要在這2個地方跑來跑去。若以面積來看，高能研是日本最大的研究機構。

300公里長的巨大「實驗室」

接著，我想要以我們正在進行的微中子實驗為例，試著說明「基本粒子物理學究竟在研究什麼？」。「基本粒子物理學」這名稱乍聽之下很困難，確實也不是我們平時會接觸到的學問。

基本粒子究竟是什麼呢？簡單來說，就是非常小的物質，之後的課程中我會再詳細說明。若將組成各位身體的物質切到小得不能再小，最後就會得到基本粒子，它們小到肉眼看不到。那麼，我們應該要如何研究這些非常小的東西呢？其中一種方法，就是從自然界中捕捉飄來飄去的基本粒子進行研究。沒錯，它們就在我們周遭咻咻咻地飛舞著。另外一種方法，就是以人工方法製造基本粒子，再研究這些粒子。我們的研究用的是後者，以人工方法製造名為微中子的基本粒子，將其集中成粒子束，射向設置於遠處的檢出器。

請看這張圖（圖1）。

這裡是茨城縣東海村的J-PARC。我們會在J-PARC內製造出微中子，並使其呈粒子束狀後，朝著箭頭的方向射出。目的地是岐阜縣的神岡町，再利用設置於神岡

圖1＊T2K實驗是什麼？

超級神岡探測器

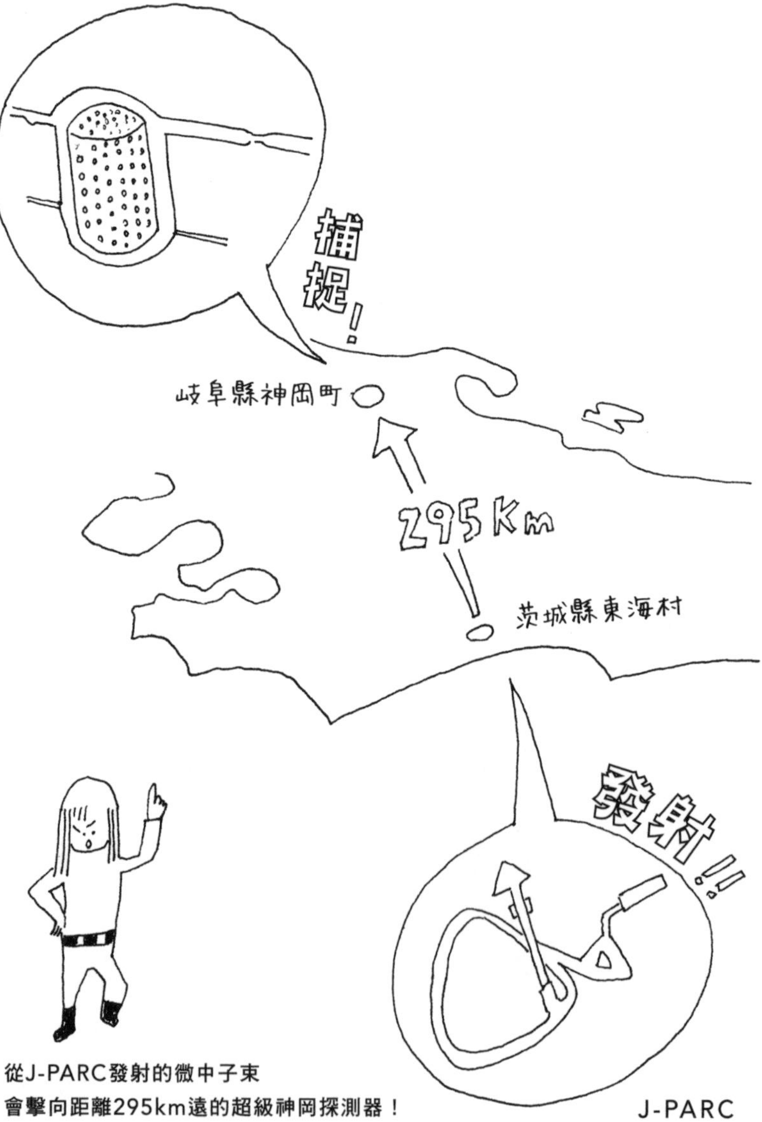

從J-PARC發射的微中子束
會擊向距離295km遠的超級神岡探測器！

J-PARC

的檢出器——超級神岡探測器捕捉射出的粒子束。兩地之間的距離相當遠，長達２９５公里。

當大家聽到我們在做「實驗」時，可能會以為我們在實驗室工作，不過就像圖所顯示的，整個日本都是我們的「實驗室」，可以看出這項實驗的規模相當龐大對吧。在基本粒子的領域中，不只是日本，全世界很多地方都是這樣做實驗的。

一般來說，基本粒子在飛行時，其性質會改變。可能會損壞、分成2個粒子、變成另一種粒子等。研究粒子在過程中的變化，明白到「原來這種粒子有這樣的性質」，就是這個實驗的目的。由於粒子是從東海村（Tokai）到神岡（Kamioka），Tokai to Kamioka，故被稱作Ｔ２Ｋ實驗。

光看名稱也不曉得這個實驗在做些什麼對吧，現在就讓我們照順序一一說明吧。該如何製造出基本粒子中的微中子呢？製造出來後又要怎麼把它們聚集成粒子束，再用探測器檢出呢？飛行中的基本粒子又會發生什麼事呢？在明白其中機制後，應該也能掌握到基本粒子物理學的一些概念才對。

今天是我們第一次上課，首先就讓我們來介紹製造微中子的部分，也就是加速器這個裝置吧。

也會用在癌症治療與犯罪搜查上

大家聽過「加速器」這種裝置嗎？顧名思義，它們就是「加速用的裝置」。要加速什麼呢？要加速的是「粒子」。「粒子是什麼呢？為什麼要把它們加速呢？」在回答這些問題以前，我想先請問各位一個問題：「你們認為日本有幾台加速器呢？覺得大概有幾台呢？」

學生：「3台左右嗎？」

數量好像太少囉？事實上，在我實際進行調查後也嚇了一跳，日本居然總共有1476台加速器。如果平均分給每個縣，那麼每個縣可以分到30多台，你家附近說不定就有1台加速器。不過各位好像不曾看過對吧？其實各位應該是有看過的，只是沒有發現而已。

各位有沒有在醫院內看過這樣的機器呢（圖2☞）？1476台加速器中，大部分是醫療用機器，也就是所謂的放射線治療機。將粒子加速形成粒子束，射向癌細胞將其燒除。

圖2＊日本有幾台加速器呢？

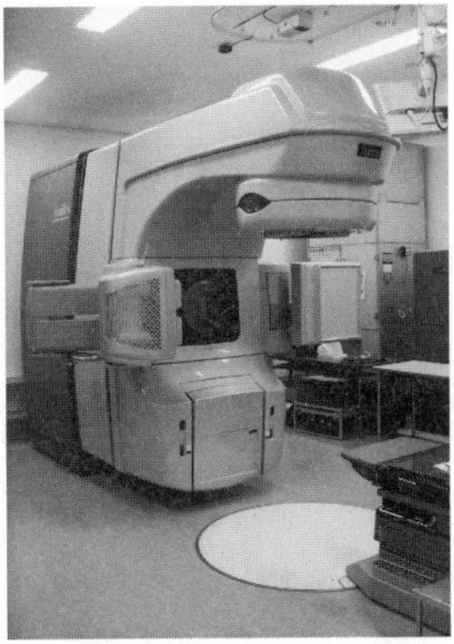

©癌症研究會 有明醫院 治療放射線部

加速器也會
用在癌症治療與犯罪搜查上。

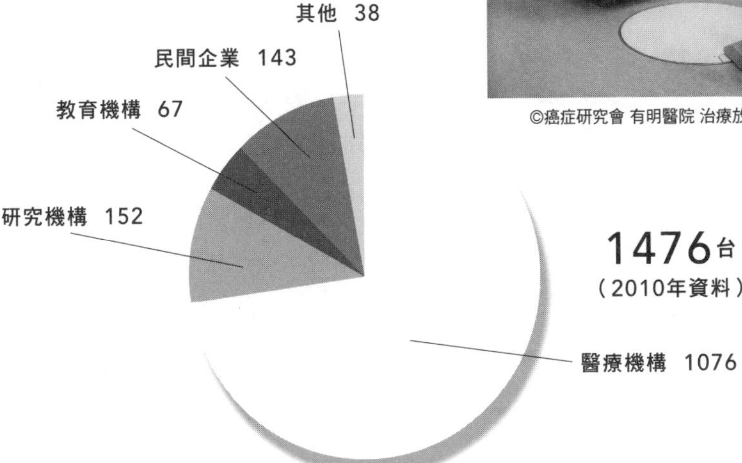

©RIKEN/JASRI

在和歌山毒咖哩事件中，
便曾以加速器對咖哩
進行原子層級的分析！

最大的醫療用加速器是在千葉的放射線醫學總合研究所（放醫研），名為HIMAC的加速器。

以前啊，治療乳癌患者時，會將名為鈷60的放射性物質所釋放的放射線射向癌細胞。雖然這樣可以殺死乳癌細胞，但胸部其他細胞也會被燒傷，也就是所謂的「要死大家一起死」的治療方式。隨著技術的進步，近年來已可製造出小於1毫米的極細粒子束，能夠只燒除癌細胞而不影響到其他細胞。比過去的做法還要好上許多。

此外，還有些治療方式不使用粒子束，而是改用中子殺死細胞。至於中子是什麼，我們之後將會詳細說明。

就像前面所說的，日本的加速器有1000台以上屬於這類醫療用機器。此外，有67台是由教育機構使用，分散於全國各地的大學內。

而今天要介紹的則是研究機構的加速器，在日本有100台以上。照片（圖2☞）是位於兵庫縣播磨的加速器——SPring-8，常被用來進行犯罪搜查。和歌山毒咖哩事件就是一個很有名的案例。該起事件中，犯人在祭典所提供的咖哩內加入砒霜，害死住在附近的人們。當時用來分析咖哩的就是這台加速器。

世界五大加速器

接下來要說明的是研究機構所使用的加速器中，專門用來進行基本粒子實驗的加速器。其中，世界上有5台這類加速器特別有名（圖3）。

KEKB是日本最大的加速器，位於我所任職的高能量加速器研究機構。KEK是高能研（Kou Ene Ken）的簡稱。

LHC是世界最大的加速器，由歐洲各國合資建設，位於瑞士與法國的國界附近。規模非常大，一圈可達27公里，直徑則有8.5公里。LHC為CERN（歐洲核子研究組織）所擁有。

有一部小說是叫做《天使與魔鬼》吧！和《達文西密碼》是同一個系列的小說。有被拍成電影，想必也有不少人看過。作品中的邪惡組織想在梵諦岡引爆反物質炸彈，而製造這個反物質炸彈的就是這裡提到的LHC。小說內的CERN所長是改造人（cyborg），不過現實中的所長是人類（笑），他是一位德國人。

最右邊的2台是美國的加速器，Tevatron位於伊利諾州，是美國最大的加速器；而SLAC位於加州，是直線型加速器。

下方是J-PARC，也就是今天的主角。我參與了J-PARC的建設，現在也在這裡工作。

圖3＊用於基本粒子物理學研究的加速器

©2008 CERN

LHC（歐洲）

©Fermilab

Tevatron（USA）

電影《天使與魔鬼》中，
邪惡組織製造
反物質炸彈的地方

©KEK

KEKB（日本）

©SLAC National Accelerator Laboratory

SLAC（USA）

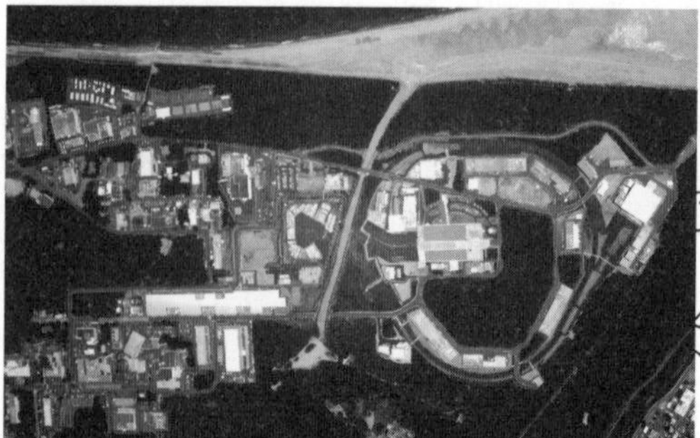

©KEK

J-PARC（日本）

總之就是很大！

以上所介紹的5台加速器有個共同的特徵。剛才提到的醫療用加速器看起來只是一般的醫療器材，不過這5台加速器的照片都是空拍圖，根本看不出來哪些部分是機器對吧。不用空拍攝影的話就無法拍攝整台加速器——這5台加速器就是那麼大。

用來做基本粒子實驗的加速器，其特徵就是「非常大」。用來表示其大小的單位不是公尺而是公里。為了讓大家知道這些加速器到底有多大，我想請大家先看看這張圖（圖4）。

要是J-PARC就在這個中央大學杉並高中附近的話，相對大小大概是這個樣子。就一個實驗裝置而言實在相當大。J-PARC還算是比較小的加速器，如果是LHC的話，不只可以把J-PARC整個包住，還可以從杉並區這裡延伸到池袋、新宿等地方。

ILC是一個籌畫中的直線型加速器，目前日本、歐洲、美國等地都在積極爭取建造這個加速器。假如最後是由中央大學杉並高中爭取到這個加速器的建造計畫，就像圖4下方般，會穿過迪士尼樂園，直指東京灣深處。

可能你會想問「為什麼要建得那麼大呢？」，不過在回答這個問題之前，先來簡單介紹一下我們正在進行的基本粒子研究吧。

圖4＊如果中央大學杉並高中附近有加速器……

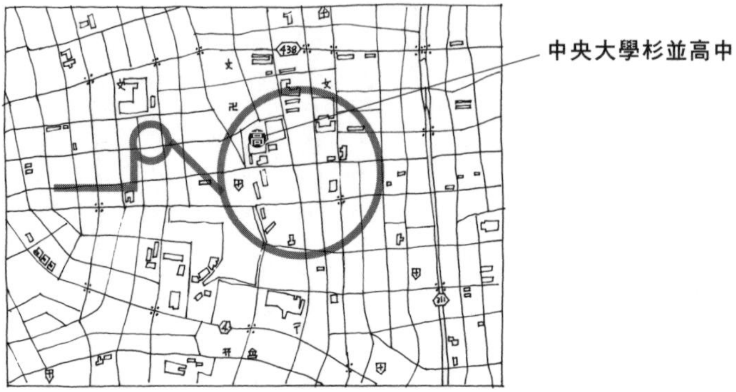

要是J-PARC在附近的話…

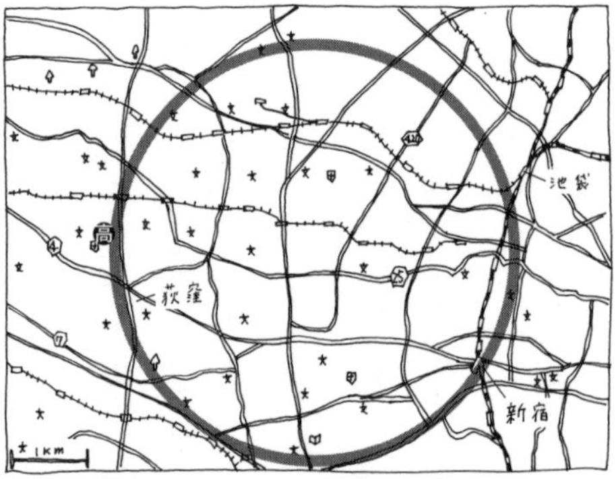

要是LHC在附近的話…

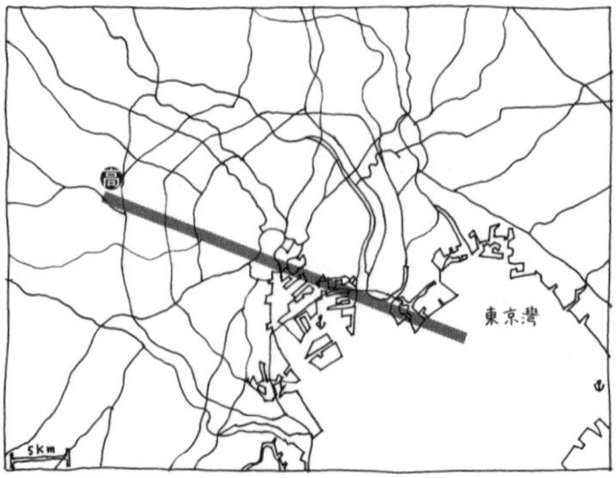

要是ILC在附近的話…

總之就是
很大！

宇宙到底有多大呢？

請先想像一下物體的大小。

這張圖中，我們以公尺表示世界上各種「物體」的大小（圖5）。若用公尺來表示宇宙的大小，要在1的後面加上27個零；銀河比宇宙小一個層級，有22個零。就像許多銀河組成了宇宙般，世界上的所有物質結構都是由小物質組合成較大的物質，並形成不同層次的結構。其中，研究宇宙與銀河的學問，稱作「天體物理學」。

在銀河的層級之下則是太陽系。恆星系——有發光能力的星體與其周圍的行星所組成的系統。到了這個層級，數字就比較沒那麼難以想像，零剩下13個，也就是10tera。應該有聽過tera這個單位吧？再下一個層級是地球，規模又變得更小了，只有10mega。研究地球與太陽系的學問又叫做「行星科學」。

在不同的研究領域中，會研究不同層級中的物體遵循什麼樣的規則運動，做出什麼樣的行為。

圖5＊若以公尺來表示物體有多大……

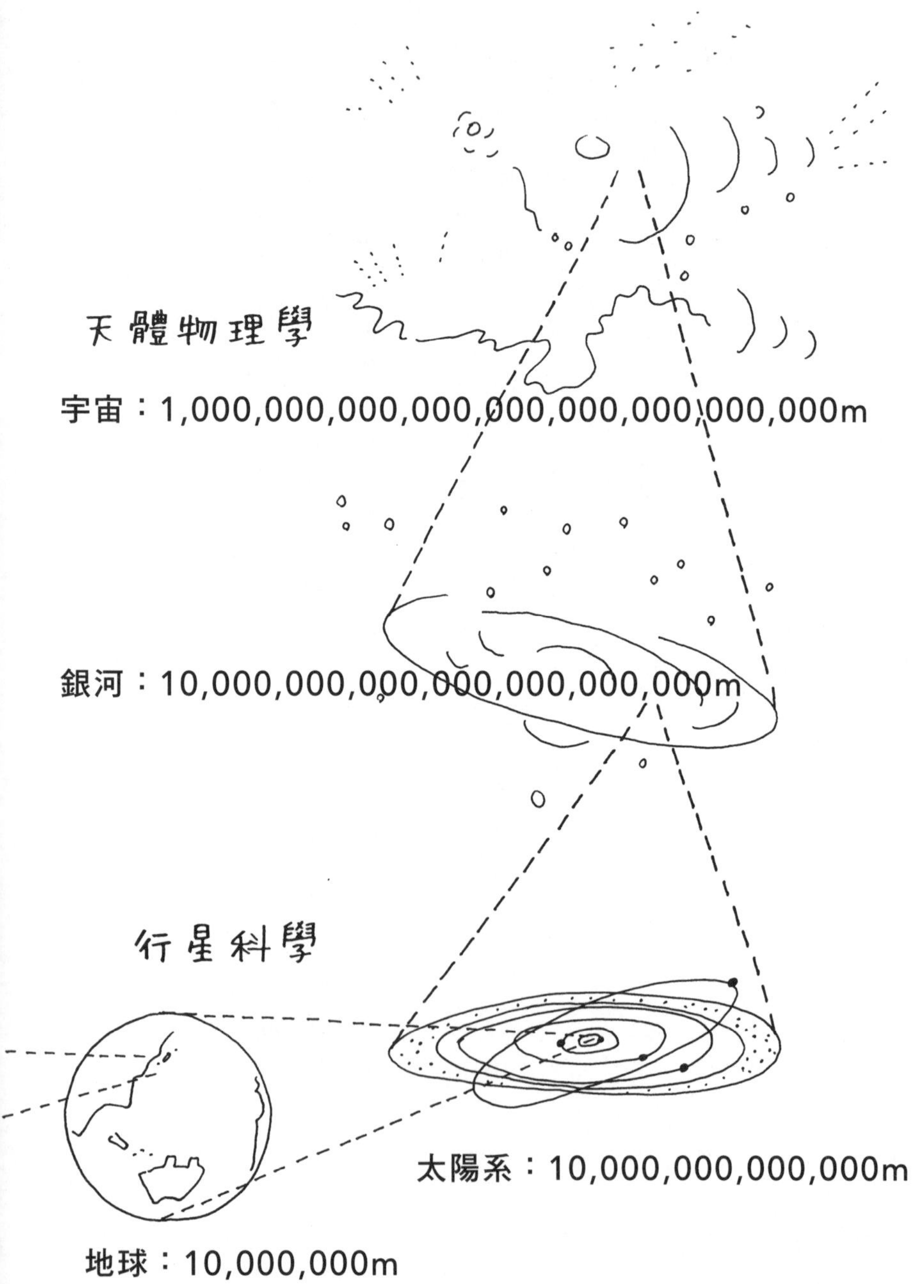

基本粒子到底有多小呢？

我們研究的是比人類還要小的東西（圖6）。

人類大約是1公尺左右，細胞的大小大約是10萬分之1公尺，也就是10微米。研究這個層級的是生物學。往下則會進入分子的層級，1億分之1公尺，這是化學的領域。再往下則是原子的層級，10的10次方分之一，0.1奈米。接著再一口氣於分母加上5個零，就是質子的層級，這是原子核物理學的領域。而研究比這更小的微中子，就是我們基本粒子物理學的領域了。我們甚至連它到底有多小都不知道，只能說它比這個數字還要小。

我們的工作是「研究物質的組成」。

這個世界上最小的東西有什麼樣的結構、有

所有物質的結構都有不同層級，
每個層級皆是由許多小物質
組成一個大物質

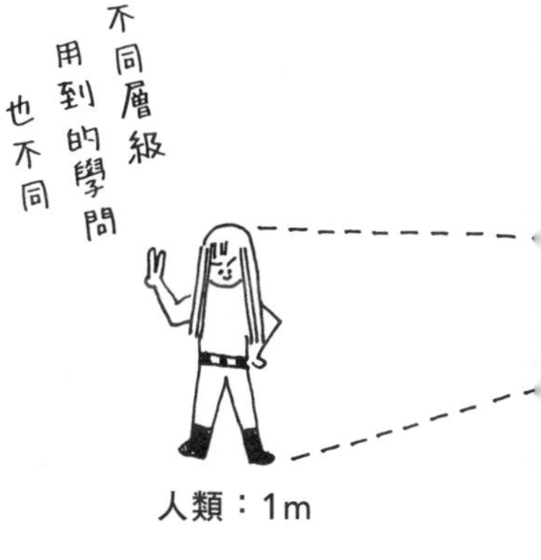

圖6＊若以公尺表示物體有多小……

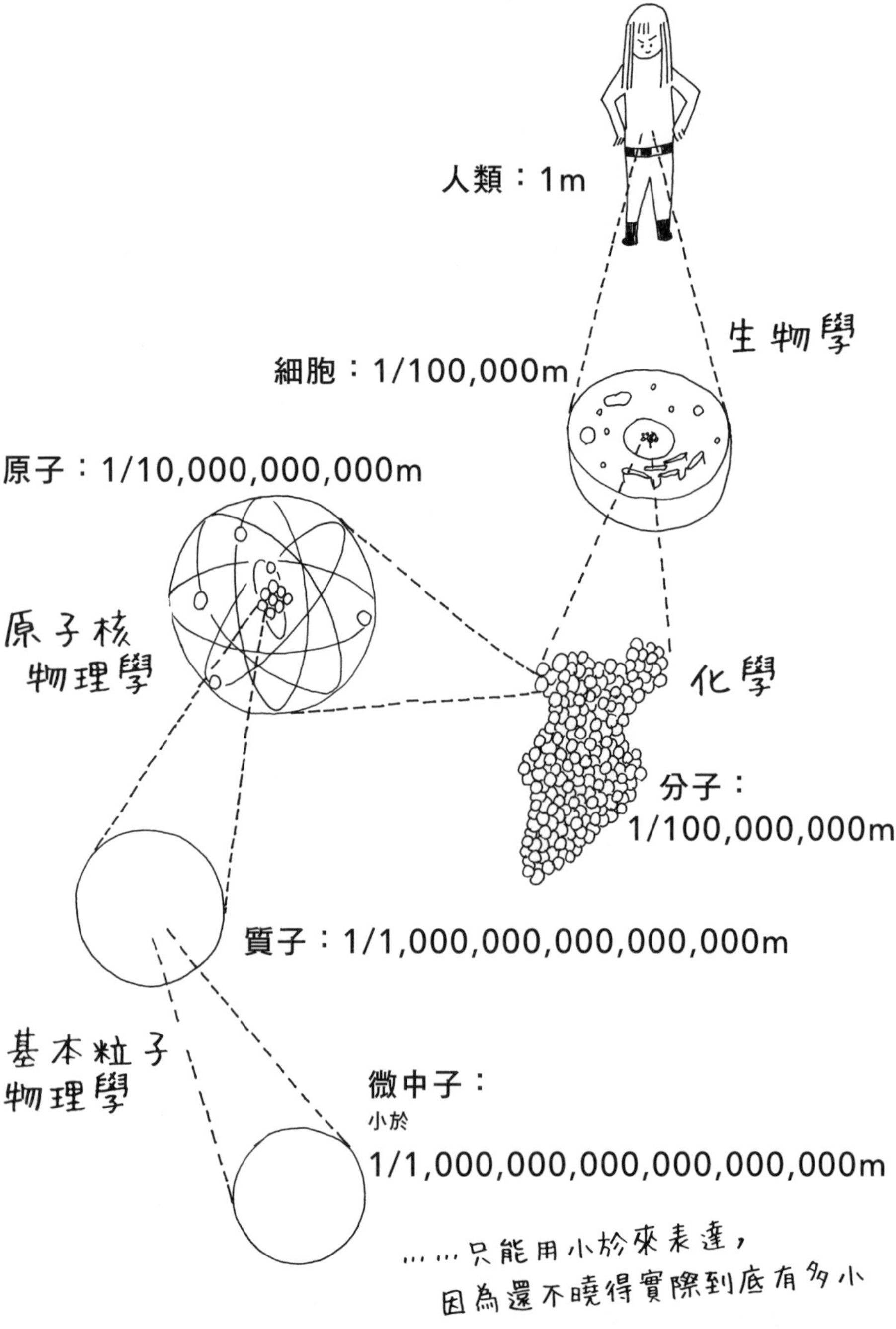
人類：1m
生物學
細胞：1/100,000m
原子：1/10,000,000,000m
原子核
物理學
化學
分子：
1/100,000,000m
質子：1/1,000,000,000,000,000m
基本粒子
物理學
微中子：
小於
1/1,000,000,000,000,000,000m
……只能用小於來表達，
因為還不曉得實際到底有多小

什麼樣的性質、遵循什麼樣的規則運動，把這些全都調查清楚就是我們的工作。

不過，該怎麼研究這些問題呢？要使用哪些工具呢？

物理學最先進的研究，用的是小孩子都想得出來的方法

在我還是小學生的時候，很想知道時鐘內部是如何運作的，於是就試著把家裡的時鐘拆開來看。那時我拿了螺絲起子，將螺絲一一鬆開後，終於看到了裡面的齒輪。「原來是這樣運作的啊！」在我明白了時鐘的運作原理後，卻無法把時鐘回復原狀，於是被爸媽狠狠地罵了一頓（笑）。當然，我們並不是使用螺絲起子來研究基本粒子的結構。

如果是細胞的話可以用顯微鏡觀察。現在已經有廠商開發出很小的手術刀，故可以使用這類手術刀切開細胞研究。如果是分子的話，則可藉由化學反應進行研究。分子會在化學反應時被分解，讓我們得以研究其內部結構。不過，一般的工具沒辦法輕易分解比原子更小的東西，那麼該怎麼辦呢？

方法十分單純。若要從某個較大的物質中取出想要研究的物質——像是「基本粒子」之類的東西的話，只要將比它大一個層級的物質「質子」用力丟向堅固的牆壁，把

圖7＊加速器的運作機制

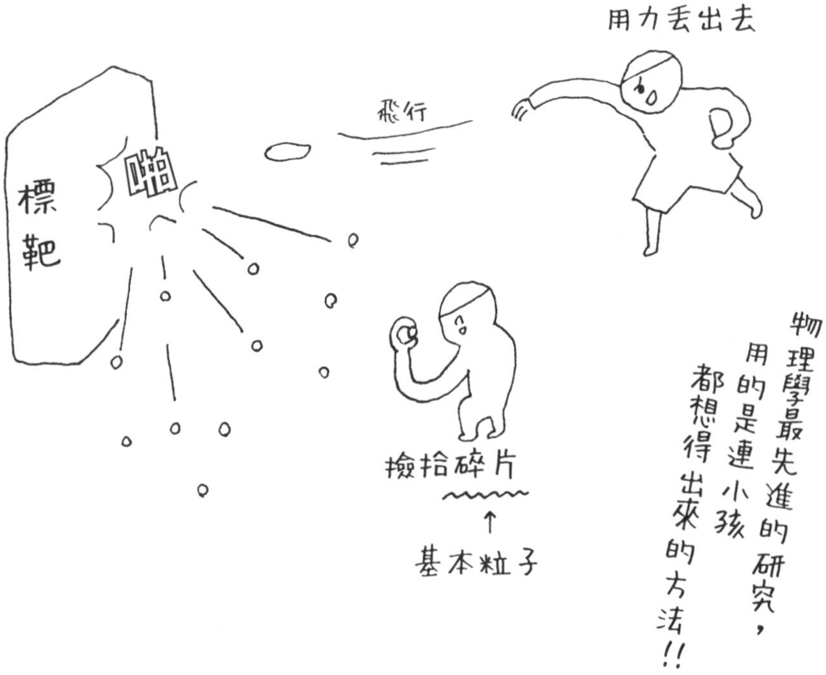

©Joe Nishizawa

加速的部分

©KEK

撿拾碎片的部分

質子破壞掉就行了。接著從破壞後的碎片中撿拾基本粒子。這種方法相當原始，很像是小孩會想到的方法，卻也是物理學最先進的實驗室中所使用的方法。

使用這種方法的時候把物質破壞得愈徹底愈好，因此丟擲的速度也是愈快愈好。為了用極快的速度丟出物質，所以才建造了加速器。加速器就是為了讓物質能被破壞的更徹底，而盡可能提高物質飛行速度的裝置。

加速器可分為2個部分（圖7）。一個是將想打碎的粒子「加速的部分」；另一個則是「標靶」——也就是在粒子撞到牆壁粉碎後，撿拾這些碎片的部分。和照片中的人對比，可以看出這個標靶的部分也相當龐大。

加速器大致上可以分為2種（圖8）。一種是「靜止標靶型」，如前所述，會蒐集撞到牆壁的碎片進行研究；另一種則是「對撞型」，會讓2個欲破壞的粒子正面相撞。對撞型是讓2個粒子分別以順時針及逆時針方向前進，並讓它們正面相撞。這麼做的威力比撞牆壁還要強，所以可產生更細小的碎片。

最近新建成的高能量的加速器中，已經很少有靜止標靶型的加速器。剛才提到的5台加速器中，除了J-PARC以外全都是對撞型。此外，還可以依照形狀分為直線型加速器與環型加速器，或依照使用的粒子（質子或電子）進行分類。

圖8＊加速器的種類

❶靜止標靶型
（J-PARC）

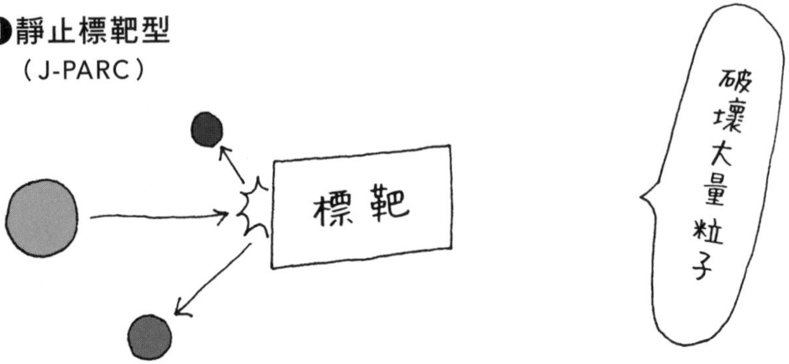

❷對撞型
（KEKB、LHC、ILC、LEP、Tevatron、SLAC）

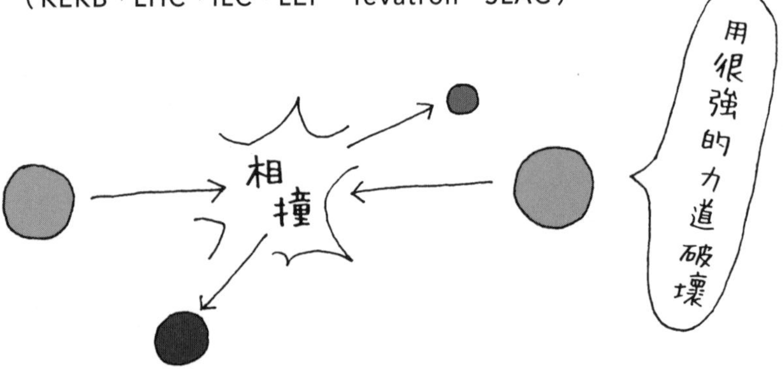

		形狀	
		直線型	環型
粒子	電子	ILC、SLAC	KEKB、LEP
	質子		J-PARC、LHC、Tevatron

主流是對撞型加速器。
不過J-PARC為靜止標靶型。

加速器的「油門」和「方向盤」是什麼？

那麼，要怎麼將粒子（質子或電子）加速，最後讓它們彼此相撞呢？原理相當單純，那就是利用「電場」與「磁場」這兩個場所產生的力來加速。

若以＋與－的電極施加電壓，就可以拉動粒子使其移動（粒子需帶有＋或－的電荷）。帶有＋電荷的粒子會往－極移動；而帶有－電荷的粒子則會往＋極移動。加速器就是用這種方式為粒子加速的，機制相當單純。

對於加速器來說，為粒子加速並不是什麼難事。問題在於當粒子被加速後，該如何控制好它的方向。實驗人員必須要能控制粒子飛行至正確的軌道、在正確的地方轉彎，才能開始做實驗。

加速器會藉由「磁場」控制加速後粒子的運動。我想應該有人學過弗萊明左手定則吧，帶電粒子在磁場中運動時會受磁力改變行進方向。

利用電場加速，再利用磁場控制方向。原理相當單純（圖9）。

以電場進行加速的部分又被稱作「加速空腔」，各位可以當作這個空腔內裝有＋與－的強力電極（圖9☞）。

磁場則是靠「電磁鐵」產生（圖9☛）。不曉得現在的小孩有沒有玩過，但我小時候曾在自然科的課程中做過電磁鐵。把電線一圈圈繞在鐵釘上再通電……和那個原理是

圖9＊加速器的原理

用「電場」加速粒子，再用「磁場」控制方向

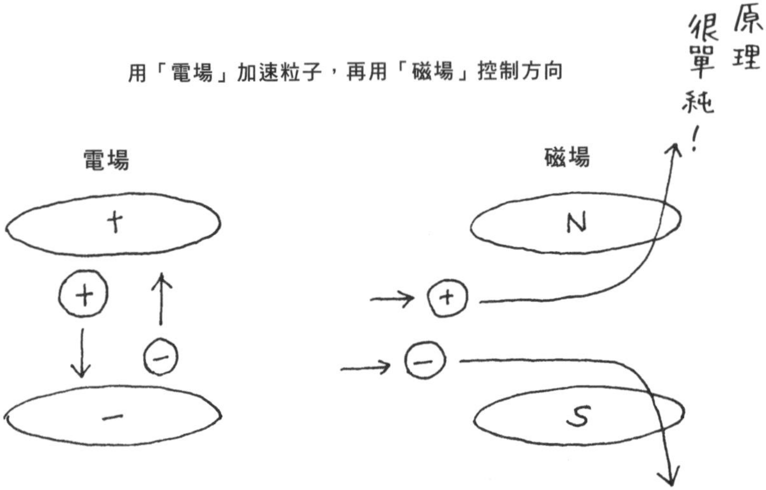

©KEK

加速空腔

©Joe Nishizawa

電磁鐵

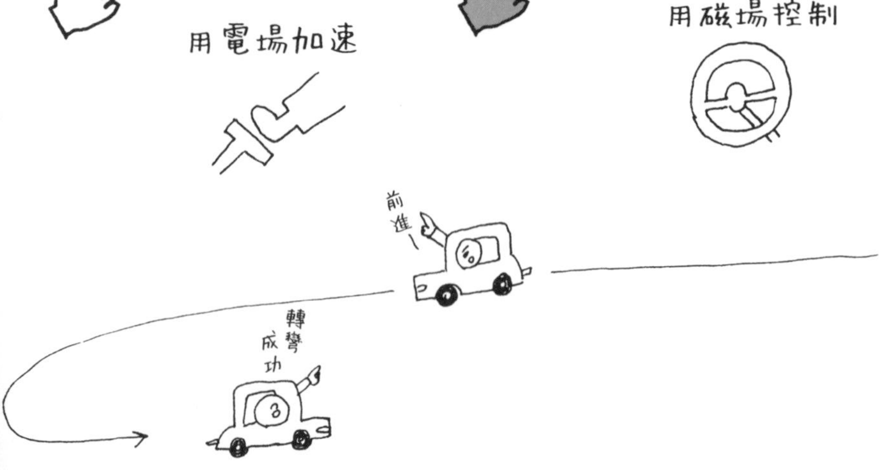

一樣的，完全一樣。不過稍微不一樣的是，我們小時候玩的電磁鐵是以鐵釘為軸，再將銅線一圈圈纏繞在上面；而加速器的電磁鐵則相反，銅線在內側，鐵在外側。圖中像箱子一樣排成一列的就是鐵。雖然內外相反，但原理是一樣的。都是藉由通電的線圈來產生磁場。

人類做得出來的最大磁場，只有健康磁石的10倍左右

那麼，接著就來說明加速器如何藉由電場與磁場所產生的力量來完成工作吧。

下一頁為從上方俯瞰加速器的樣子（圖10）。左下方為粒子束的射入通道，欲加速的粒子會從這裡咻咻咻地進入加速器。為了讓粒子順著環狀軌道前進，我們會以磁力控制粒子轉彎。

到這裡，我們可試著回答剛才提出的問題「為什麼要建得那麼大呢？」。

事實上，人造磁鐵的磁場大小有其限制，最強的人造磁場大約只有健康磁石的10倍左右而已。聽起來很弱對吧？就算運用21世紀的技術，也只能做到這個程度。因為只有健康磁石的10倍左右，所以沒辦法讓粒子轉大角度的彎。

話說回來，粒子的速度非常快喔——做為一個物理學家，「非常快」這種說法好像不怎麼精確（笑），其實這裡講的速度幾乎和光速一樣快。若要用力量不怎麼強的磁

圖10＊J-PARC的加速器

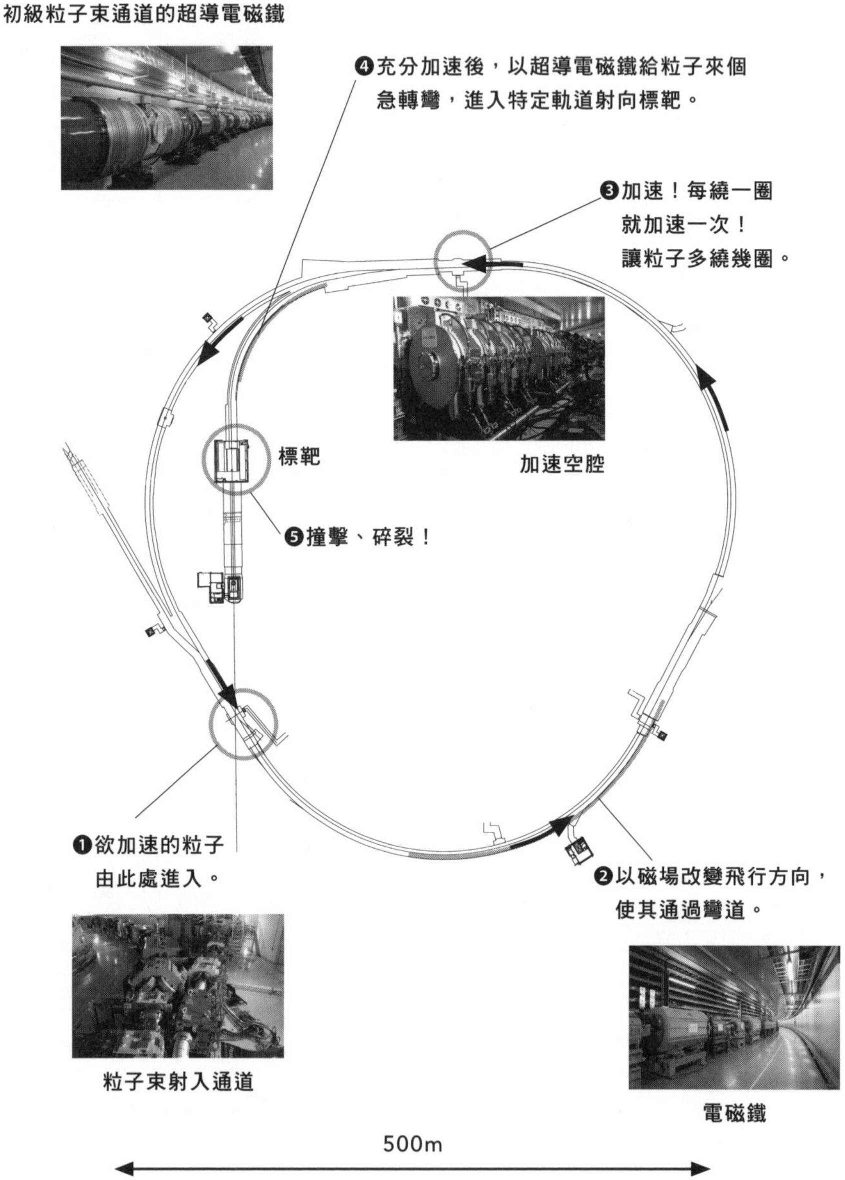

初級粒子束通道的超導電磁鐵
❹充分加速後，以超導電磁鐵給粒子來個
急轉彎，進入特定軌道射向標靶。
❸加速！每繞一圈
就加速一次！
讓粒子多繞幾圈。
標靶
加速空腔
❺撞擊、碎裂！
❶欲加速的粒子
由此處進入。
❷以磁場改變飛行方向，
使其通過彎道。
粒子束射入通道
電磁鐵
500m

©KEK（照片❶❸及設計圖）
©Joe Nishizawa（照片❷❹）

鐵，讓速度那麼快的東西轉彎的話，該怎麼做才好呢？很簡單，只要把迴轉半徑加大就行了。

以汽車為例，和一般的馬路相比，高速公路上的彎道是不是和緩多了呢？若輪胎的抓地力保持不變，當速度變快時，可轉彎的角度就會變小。加速器內的粒子就像是在走高速公路的汽車一樣，由於磁鐵的性能沒有改變（和抓地力不變的輪胎相同），要是彎道角度過大就轉不過去，故只能把整個軌道做得更大。

因此，若要讓粒子飛得更快——使粒子的速度持續增加，就必須讓軌道的半徑變得更大才行。雖然只要有更強的磁鐵就不用這麼辛苦了，但就是因為做不出更強的磁鐵，只好設法加大軌道半徑。於是就做出了剛才提到的ＬＨＣ，它的直徑長達8.5公里，簡直大得不像話。但之所以會做得那麼大，卻不是出於什麼複雜的原因……。

在1圈1.6公里的軌道上跑30萬圈以後相撞！

加速器之所以被叫做加速器，是因為可以為軌道上的東西加速。在剛才的照片上方，可以看到名為「加速空腔」的裝置（圖10-❸），粒子在通過這個地方時便會加速。

不過呢，如果只通過一次加速空腔的話，加速效果相當有限。與電磁鐵的情形一樣，現在的技術還做不出能迅速提升粒子速度的裝置。汽車要是沒有好的引擎，加速時也需要花上不少時間不是嗎。若只讓粒子加速一次的話，和沒加速差不了多少，那就讓粒子再繞一圈，再讓粒子通過一次加速空腔來加速。像這樣讓粒子不斷重複繞圈的動作，就可逐漸提高粒子的速度。由於我們必須讓粒子加速很多次，所以才將加速器的軌道做成圓形。

聽到這裡，會不會覺得有點奇怪呢？我是在念大學時才第一次聽到加速器的運作原理，那時我「咦？」了一下。雖然這整個裝置都叫做加速器，但真正用來加速的裝置只有其中一小部分而已。

用來加速粒子的只有圖中上方的部分而已，除此之外的其他部分單純只是讓粒子繞圈用的軌道。如果大量製造這種加速空腔，再把它們排成一直線用來加速，不就不需要這種環狀軌道了嗎？使用這種方式還可以省下原本長達1.6公里的環狀軌道上的電磁鐵不是嗎？

但事情沒有那麼簡單。我們剛才有說到要「讓粒子多繞幾圈，多加速幾次」，事實上，粒子的繞圈數相當驚人。最少也需要30萬圈。

換句話說，要是我們不把軌道做成環狀，而是製作一大堆加速空腔，並將其排成一直線的話，需要製作30萬個加速空腔才能達到同樣的效果。假設1個加速空腔的長度是10公尺，那麼排列30萬個空腔時就是3000公里……大概和整個日本列島的長度相同。這聽起來實在太荒唐了。

因此，雖然目前的裝置已是超乎想像地龐大，且只有一小部分有加速功能，但這已經是比較合理的實驗裝置了。

抓好時間點，每20萬分之1秒從後面推一把

而且，讓粒子繞30萬圈所花費的時間，居然只有2秒。也就是說，要在2秒內讓粒子繞著1.6公里的軌道跑30萬圈。這難以想像的速度相當接近光速。

接下來要講的是一個很大的重點，那就是我們必須在粒子繞完一圈，再次通過加速空腔的瞬間，抓好時間點再將粒子加速。

拿盪鞦韆來當作例子，若要提升盪鞦韆的速度，可以請人從後面推一把。大家可以把為粒子加速想成是幫別人推鞦韆一樣，要是沒有在適當的時間點將鞦韆往前推，就沒辦法為其加速。要是在鞦韆盪回來的時間把鞦韆往前推的話，反而會讓它停下來。因此在推鞦韆時要抓好時間點才行。

而在使用加速器時，需掌握住在2秒內將粒子往前推30萬次的時間點……這可不是件容易的事喔（笑）。因為我們必須每20萬分之1秒就從粒子的後面推一把才行。要是沒抓準時間點，就沒辦法讓加速頻率與粒子的運動同步。因此，這種加速器又被叫做同步加速器。

啊，有問題的話請說。

Q **當粒子的速度愈來愈快時，應該會像速度愈來愈快的車子一樣，愈來愈難轉彎才對……。不過加速器的迴轉半徑是固定的，既然如此，在彎道的地方是不是要有某些特殊設計才行呢？**

沒錯。剛才也有提到我們會「藉由電磁鐵的磁場改變粒子行進方向」對吧。這裡有個重點，在這使用的磁鐵絕對不是健康磁石那種永久磁鐵。永久磁鐵在這裡完全派不上用場。這裡必須使用電磁鐵，才可藉由調整電流來改變磁場的強度。

當粒子愈來愈快時，用來轉彎的磁場也需要隨著愈來愈強。前面提到，最強的電磁鐵磁場是健康磁石的10倍。不過剛開始加速時，會將電磁鐵的磁場調得比較弱；當粒子的速度逐漸提升後，磁場強度也會逐漸加強。因此操作加速器時需要一定的技術能力，以正確調整磁場的強弱。

Q **在2秒內繞30萬圈時逐漸調整磁場嗎？**

是的。繞一圈需要20萬分之1秒。每繞一圈之後，磁場也會稍微提升一些。要是沒辦法控制得那麼精密的話，就沒辦法讓粒子順利繞圈加速。這需要非常複雜的技術。

加速的時機雖然很重要，但還有另一個重點在於粒子行進的區域——也就是軌道。製作軌道時需用到很精密的技術，才能讓粒子在經過1.6公里的細長管路後回到原點。假設繞一圈會出現1毫米的誤差，乍看之下好像沒什麼大不了的，但如果繞行30萬圈，誤差就會變成30萬倍，也就是300公尺。因此每一次的繞行都必須將誤差降到最低才行。要是沒辦法做到1微米（0.001毫米）以下的精密度，粒子繞圈時就會愈來愈難以在適當的時間點為其加速，導致加速失敗。

加速器雖然是個很大的裝置，但對精密度卻有很高的要求。是個巨大卻又敏感的裝置，可謂技術的結晶。

從Giga到Tera——和硬碟容量一樣逐漸進化的加速器

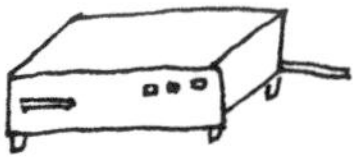

經過30萬次的加速，達到必要的速度之後，就可以將粒子擊向標靶了。「標靶」（圖10-❺）並不在繞行用軌道上，而是位於另一條岔路的末端，我們會讓粒子改走這條岔路撞向標靶，當粒子被撞成碎片後，再蒐集碎片。這就是撞擊的機制。

這裡先來談談加速器的性能吧。簡單來說，J-PARC是世界最棒的加速器，以下就讓我來說明日本技術能力的厲害之處。

首先，「能量」是用來衡量加速器性能的指標，也可以單純把它想像成「速度」。將粒子撞擊到標靶時所釋放出來的能量以數值表示，就是一個用來衡量加速器性能的指標。

這裡所使用的能量單位為eV（電子伏特，electron Volt）。之前我們曾提到「以電場加速」，若是以1V（伏特）的電壓加速，就會得到1eV的粒子。舉例來說，若用乾電池製作加速器，由於乾電池的電壓是1.5V，製作出來的加速器性能就是1.5eV。看到那裡的插座了嗎？如果用AC100V的電源製作加速器的話，就可以做出性能為100eV的加速器。換句話說，電壓決定了加速器的性能。

在這裡我列出了主要加速器的能量（圖11☞）。J-PARC的性能為50GeV（Giga electron Volt）。以前我們會把Giga翻譯成10億，不過現在各位應該已經很習慣使用Giga或Tera之類的單位，所以就直接使用這兩個字來說明吧。硬碟的容量也會以GB（gigabyte）和TB（terabyte）為單位不是嗎？

順帶一提，用來表示加速器性能的數值，和用來表示硬碟容量的數值滿像的。50GB在硬碟的世界中已經不算是很大的容量了對吧。要是現在各位到秋葉原的電腦用品店和老闆說「請給我50GB的硬碟」，老闆大概會回你「我們沒有賣容量那麼小的硬

圖11＊加速器的性能

J-PARC：50GeV
KEKB：3.5GeV＋8GeV
LHC：7TeV＋7TeV
ILC：250GeV＋250GeV

全世界的質子加速器（主要為標靶型）功率圖

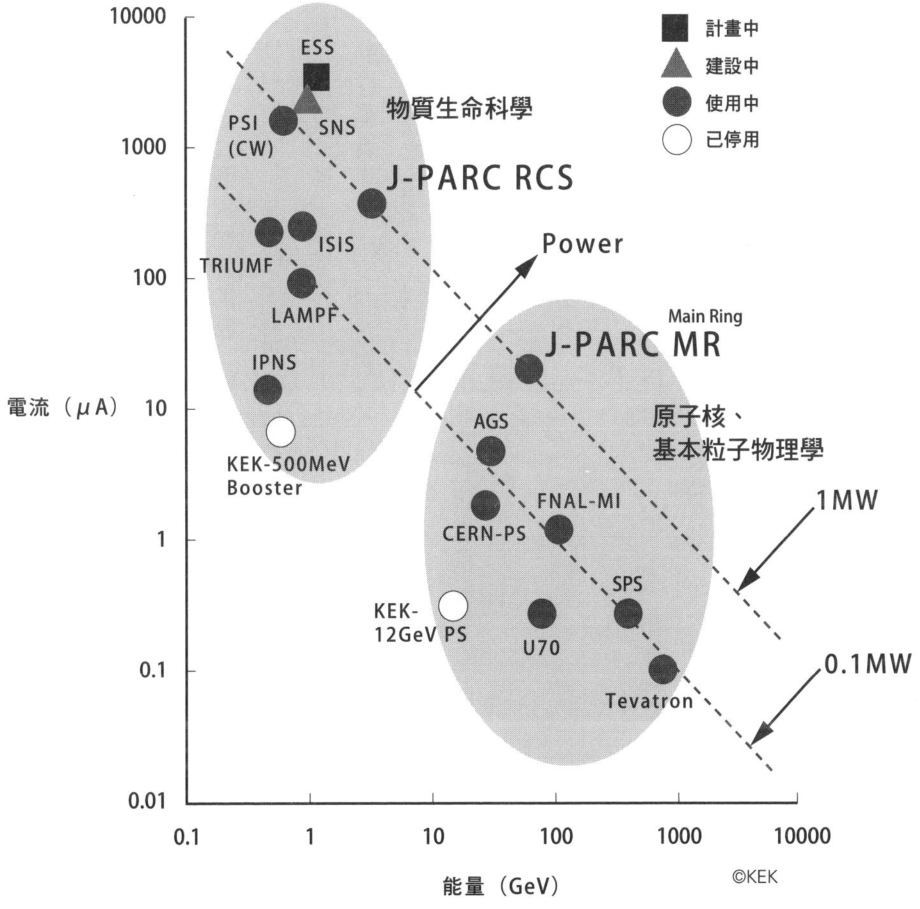

碟」吧。現在一般都是以TB為單位了。

我在6年前曾買了一個硬碟式錄影機，當時買的是東芝的產品中容量最大的硬碟，有250GB。當時我想著「這下子就可以錄下一大堆電視節目囉！」，然而現在連250GB的硬碟都很難看得到了。現在要買硬碟的話，容量最大的應該是2TB左右吧。如果硬碟像J-PARC一樣只有50GB的話，對現在的人來說實在太小了——每集1小時的電視劇錄滿一季，硬碟就差不多要滿了。

世界上最大的加速器LHC的性能有7TeV，而且LHC還不是撃向牆壁類的「靜止標靶型」，而是「對撞型」，所以可讓7TeV的粒子與另一個7TeV的粒子對撞，粒子內含能量非常大。目前市面上應該還找不到7TB的硬碟式錄影機吧？

集結許多大企業的國家級計畫

J-PARC明明是2、3年前才啟用的新設施，居然只有50GeV……「為什麼要特地做一個性能普通的東西呢？」應該不少人會有這樣的想法吧。事實上，加速器的性能不是只有看「能量」而已。另一個重要的指標是「個數」。剛才我們提到要將粒子打向牆壁，使其碎裂，而在1秒內可以破壞掉幾個粒子，就是這裡說的「個數」。

＊加速器的輸出功率是多少？

能量×個數＝功率

W（瓦特）

J-PARC的輸出功率為1MW（Mega Watt）！
輸出功率世界最強

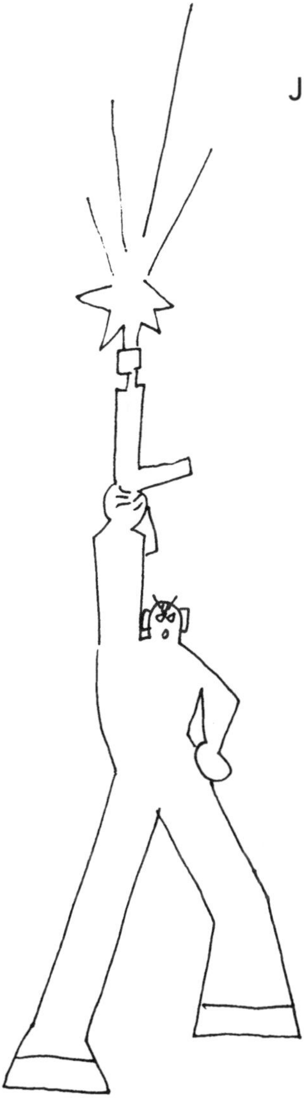

鋼彈的粒子束槍功率為

1.875MW.

是不是快追上了呢？

可以用多大的能量破壞粒子
1秒內可以破壞掉多少個粒子

將這裡的「能量」與「個數」相乘後，就可得到加速器的功率。功率單位是各位一定都聽過的瓦特（W）。J-PARC的輸出功率可以達到1百萬瓦（MW）。除了J-PARC，世界上沒有其他輸出功率可達到1MW的加速器。世界最強當之無愧。也就是說，J-PARC單位時間內可破壞的粒子個數非常多。

各位即使聽到1MW，應該也不太容易想像這是個什麼樣的數字吧。舉例來說，鋼彈所使用的粒子束槍，其輸出功率是1.875MW（笑）。看來加速器的能量級已經追上科幻作品了呢。

順帶一提，鋼彈的粒子束槍與加速器的原理是一樣的，完全相同。我們會將粒子在加速器內飛行時的狀態叫作粒子束，加速器也可說是一種粒子砲。或者說鋼彈拿的就是粒子加速器。

這表示我們正逐漸朝著鋼彈的世界進化中，但在裝置的大小上，實在不可能追得上鋼彈的世界。鋼彈用的粒子束槍小到可以讓機器人拿在手上，我們加速器卻長達好幾公里。

由此可以看出，加速器非常巨大，而且對於精密度與輸出功率的要求也很高，故要建造一台加速器並不是件容易的事。建造加速器需要很高的技術能力，以及很多錢。建設費用是1500億日圓，比一艘神盾艦的造價（1200億日圓）還高。國家就是這樣偷偷地用各位的稅金，在茨城縣建造了這台加速器——當然是開玩笑的啦（笑）。

有非常多的企業參與這個J-PARC的建造。這樣的工程並不是隨便委託一家公司「請幫我建一台加速器」，這間公司就能自己蓋好並回應「好，完成了」。既然是會留在地圖上的巨大設施，就必須與大型土木建築公司——也就是所謂的超大型承包商合作。在這之後是機電廠商，包括東芝、日立等重型機電製造商。再來是重工業——包括三菱重工、川崎重工、IHI等都有參加建造。這台加速器就是這麼一個國家級計畫，這部分想必各位應該也是第一次聽到吧。

中國花費20年也做不出來？

當然，建造加速器需要的不只是錢，對技術的要求也很高。醫療用加速器規模很小，很多國家都做得出來，但像這種用於基本粒子實驗的大規模加速器，全世界只有3個地方做得出來，分別是日本、美國以及歐洲。

拿中國來說，就算2010年時中國的GDP超越了日本，還是做不出這麼大的加速器，再給他們20～30年大概也做不出來。這是因為要製造一台加速器，需要累積一定的科學技術與知識才行。所謂的技術，是要經過很長一段時間，並累積花再多錢也買不到的經驗後，才得以開花結果的東西。

而且就算和美國或歐洲相比，日本的技術也完全不會輸給他們。在前面的說明中曾提到的加速裝置中，「超導加速空腔」與「超平行粒子束生成裝置」並不是隨隨便便就能做得出來的東西。事實上，以下幾台日本的加速器可說是世界最強、最厲害的加速器。

KEKB	在對撞型電子加速器中是世界最強
J-PARC	在靜止標靶型質子加速器中是世界最強
SPring-8	在放射線設施中，性能是世界最強

＊SPring-8強的地方並不在於「功率」，而在於「精準度」

然而，使用這些加速器進行的基本粒子研究，自然也是世界最先進的研究。雖說如此，卻好像沒什麼人知道的樣子呢（笑）。

或許你曾聽過微中子這個詞，因為這是日本的專長

這樣說吧，各位知道至今有多少日本人拿過諾貝爾獎嗎？如果我沒有算錯的話，應該有24人。其中有11人拿到物理學獎、7人拿到化學獎、3人拿到生理醫學獎、2人拿到文學獎、1人拿到和平獎——和平獎能不能算是諾貝爾獎可能有點爭議就是了，經濟學獎則不曾有日本人得主。2008年物理學獎得主的其中一人——南部陽一郎的國籍雖然是美國，不過在他發表理論時國籍還是日本，所以也把他算在日本人得主內。雖然可能有人會覺得這種分法不太正確啦。無論如何，大家會不會覺得日本的諾貝爾獎得主分布明顯偏向自然科學領域呢？全世界很少國家跟日本有類似的情況。而且拿物理學獎的11人中，有7人是基本粒子物理學的學者。除了4個人，其他全都是基本粒子物理學的學者。全世界也只有日本的諾貝爾獎得主傾向那麼明顯（2015年10月時）。

這是為什麼呢？答案很簡單。因為日本是基本粒子物理學中世界頂尖的國家。最頂尖，也前進得最快。

特別是我正在進行的微中子物理學，這個領域可說是由日本人開拓出來的領域。直到幾年前，都還沒有任何一個國家可以追得上日本的研究成果（現在已有對手出現，這個就之後再談吧）。

我想大家應該至少都聽過微中子這個詞吧。通常，一般人應該不會特別去記基本粒子的名字才對，但很神奇的是，微中子這個名字**好像在哪裡聽過**，不是嗎？這是因為，日本在這個領域是最頂尖的，且常常出現相關的新聞，所以常有機會可以聽到。

今天課程開始時，我們曾提到微中子的檢出器設置在距離加速器300公里的地方。射出粒子束的J-PARC是世界最強的加速器，檢出微中子的超級神岡探測器也是世界最強的檢出器。

其運作原理從被提出至今已經過了30年以上，神岡探測器現在仍是世界第一的微中子檢出器。沒有任何一個探測器比它更厲害，大概再過10年也不會出現。日本的微中子物理學就是那麼厲害。

就像有多個影廳的複合影城般的加速器複合設施

那麼，究竟是哪裡厲害呢？讓我們再多介紹一些日本的加速器技術吧。

從照片應該看得出來，整個J-PARC大致可分為3個部分（圖12）。

每個加速器都有其擅長處理的速度範圍。拿高速公路來說，高速公路除了可以快速行駛的主線道之外，還有在匯流後一段距離內的加速區域。與高速公路一樣，加速器也有數個分別適合不同速度的軌道。

圖12＊J-PARC（全景）

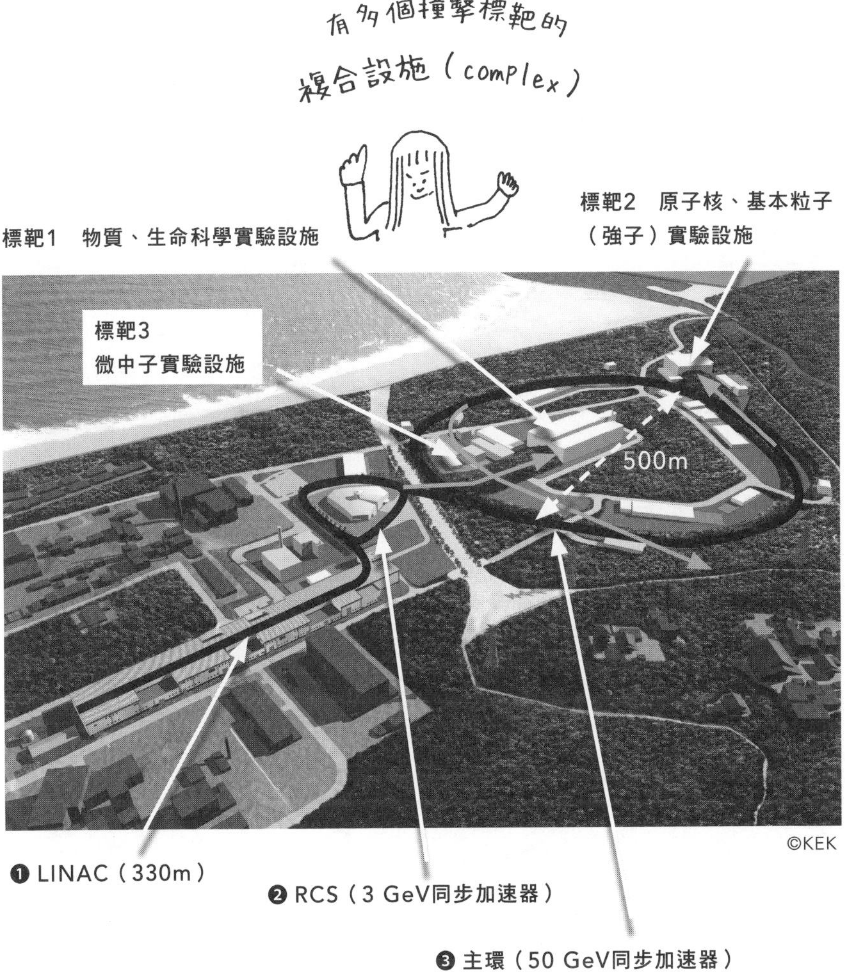
有多個撞擊標靶的
複合設施（complex）
標靶1　物質、生命科學實驗設施
標靶2　原子核、基本粒子（強子）實驗設施
標靶3
微中子實驗設施
500m
©KEK
❶ LINAC（330m）
❷ RCS（3 GeV同步加速器）
❸ 主環（50 GeV同步加速器）

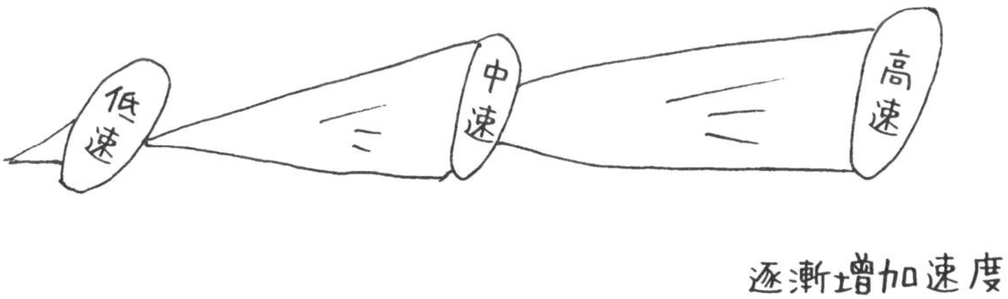
低速
中速
高速
逐漸增加速度

J-PARC是由低速用、中速用、高速用等3個加速器所組合而成。

首先登場的是名為LINAC的直線型加速器。它可將位於起始點的靜止粒子（質子）逐漸加速至低速範圍。一體型的加速空腔與電磁鐵裝置，排成了300公尺的直線。

接著是RCS，它是一個小型的環型設施，也是一個同步加速器。粒子可在這裡的軌道內加速至中速範圍。軌道中也有加速空腔與電磁鐵。

再來就是最大的加速器——可將粒子加速至最高速的設施，也就是前面所介紹的同步加速器，又稱作主環。

當粒子經由加速器充分加速後，就會被引導去撞擊牆壁（標靶）。事實上，J-PARC的標靶也有3個類型。

第一類標靶位於「物質、生命科學實驗設施」，這裡可從撞擊後的碎片中提取出中子與緲子（muon）。第二類標靶位於「強子實驗設施」，這裡可以提取出K介子（kaon）。最後，在微中子實驗設施，則可提取出微中子。

也就是說，加速器與標靶（牆壁）分別有3個。一般的加速器設施內只會有一個加速器和一種標靶，J-PARC是世界上第一個有3種不同標靶的「複合型加速器設施」。

J-PARC這個名稱和公園的PARK很像，不過最後一個字母不是K而是

C對吧。J-PARC是Japan Proton Accelerator Research Complex的縮寫，C是Complex的C，代表這是一個複合設施，就像有多個影廳的複合影城一樣。因為有多個標靶，所以就能同時進行多個實驗——也就是說，可以同時進行中子實驗、K介子實驗以及微中子實驗。這個構想很棒吧。

打碎、聚集、過濾——如何生成微中子

接著，就來說明如何提取出微中子這種基本粒子吧。原理就和前面說的一樣，把粒子射向牆壁，破壞粒子本身，再從碎片中蒐集微中子，大概就是這樣。

不過這裡有個問題，如果在撞擊後微中子就馬上跑出來的話是最好的，但問題就在於微中子不會馬上出現。撞擊後最先產生的粒子是π介子（pion），π介子的壽命非常短，在飛行數十公尺後就會衰變，就算沒撞到牆壁也會自行衰變。在π介子衰變後微中子才隨之誕生，換句話說，製作微中子要分成2個階段。

接著就要用到所謂的「電磁錐（electromagnetic horn）」（圖13☞）。這項裝置是做什麼用的呢？在撞擊發生時，碎片會往四面八方飛散。在我們的實驗中，需提取出微中子並使之聚集成粒子束飛向神岡探測器，要是微中子往四面八方亂飛的話我們就做不成實驗。

圖13＊微中子的生成

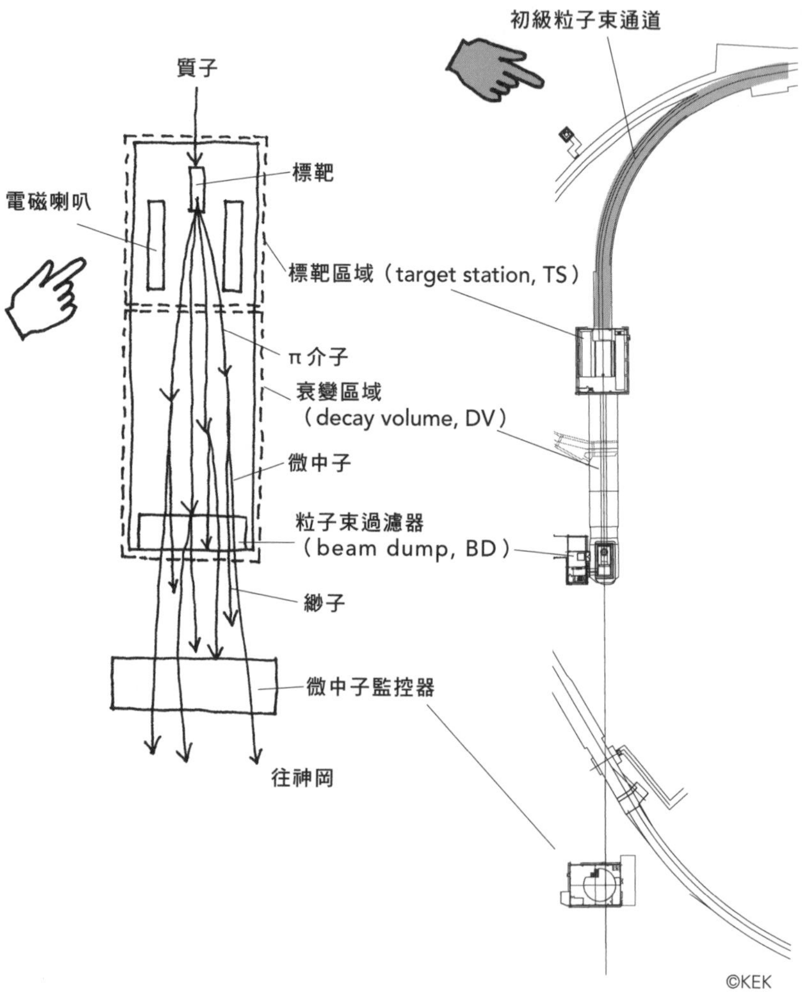

©KEK

打碎、聚集、過濾。

（撞向標靶）（電磁錐）（粒子束過濾器）

每秒可製造出1000兆個微中子！

電磁錐如名稱所示，是以電磁鐵組成錐狀裝置——將電磁鐵排列成像是銅管樂器（horn）開口般的形狀，用以將π介子聚集起來。

由於微中子不帶電荷，要是質子撞擊到標靶後馬上碎裂成微中子的話，便無法用這種方式聚集微中子。不過在撞擊後的短暫時間中，質子會碎裂成π介子這種帶有電荷的粒子，所以能用電磁鐵操控。

剛才提到π介子在飛行數十公尺後就會自行衰變，於是我們也設計了一個空間讓π介子進行衰變過程。這個空間叫作「衰變區域（decay volume）」，decay是衰變，volume則是空間的意思。

最後粒子束會碰上名為「粒子束過濾器（beam dump）」的裝置，這個裝置有過濾的功能。在撞擊碎片中，除了π介子以外還混有許多不同種類的粒子。不過我們想研究的只有微中子而已，不需要其他粒子。因此在這個步驟過濾掉其他粒子，使粒子束中只留下微中子。

以上就是製作微中子的方法。

剛才提到J-PARC加速器的能量並不算特別大，但一次可製作出來的微中子個數相當多，所以可稱得上是「世界最強」。

那麼，每次製造出來的微中子個數到底有多少呢？在全力運轉時，每秒可製造出1000兆個微中子。應該很難想像1000兆是個什麼樣的概念吧。這樣講好了，日本政府的負債大概也是1000兆日圓。日本製造微中子的效率是世界第一，日本的負債也是世界第一喔（笑）。

一直說著微中子、微中子的，下次上課就會說明微中子到底是什麼樣的東西。

用超導磁鐵技術可以產生比健康磁石還要強20倍的磁場

剛才提到，我們可以用電磁鐵來改變粒子的前進方向，或者在哪裡轉彎，藉此控制粒子束。但前提是，這個粒子必須是個帶電粒子。要是粒子不帶電的話就沒辦法控制了，然而微中子正是個不帶電的粒子。

在我們的實驗中，需將微中子束正確射向300公里遠的檢出器，對於精準度的要求非常高。有多高呢？檢出器的直徑約為40公尺，聽起來好像也不算小對吧，但這可是300公里外的40公尺喔，一般來說肉眼是完全看不到的吧。這就像是瞄準位於1公里外的10公分大的目標一樣，要打中目標並不是件容易的事，只有Golgo13（註1）這麼厲害的人才辦得到。這種實驗需要極為精準的控制，但微中子卻因為不帶電而無法控制其方向。

那麼該怎麼辦呢？既然如此，我們只能在粒子撞擊到標靶之前，就將粒子束的方向調整往神岡探測器。一般來說，應該要利用磁鐵控制被打出來的粒子，使其朝著目的地飛行才對，但我們的實驗室在撞擊前就先控制粒子束，使其朝著神岡的方向飛行，再把粒子打碎。順序剛好相反。

我們就是利用「初級粒子束通道」（primary beam line）來控制粒子的方向（P60圖13☛）。在粒子打到標靶前就改變它的軌道，使其朝向神岡的方向。

如同各位在圖中所見，需經過一個急轉彎才能進入「初級粒子束通道」，這時就需要用到磁力比一般電磁鐵（或者說是常導電磁鐵）還要強上許多的磁鐵，那就是超導電磁鐵。

「超導」是什麼呢？由於和這次課程的主題無關，我就簡單帶過。某些物質在溫度低到某個程度時，電阻會變成零。一般常溫下的電磁鐵，磁場強度最多只有健康磁石的10倍左右，這是因為銅線有「電阻」，當電流通過時會發熱。雖然我們可以用水冷的方式降溫，但降溫效率有其極限，無法讓銅線通以過強的電流，所以使電磁鐵的磁場強度受到限制。

不過超導體的電阻值是零，所以就算通以很大的電流也沒有問題。因為沒有電阻就不會發熱。

而且，（因為電阻是零）通以電流後，不需提供額外電力輸出，電流就會持續在導線

註1：日本漫畫《骷髏13》的主角，是具有超一流狙擊能力的殺手。

內流動。

如果是常溫的電磁鐵，需要持續提供電力才能維持住電流；如果用的是超導體，只要在一開始提供電力就行了。當然，這畢竟是人工製造出來的產品，其內部電流還是會以極緩慢的速度逐漸降低，故還是需要持續補充減少的電流。使用超導體的話需設置冷卻裝置以維持低溫，不過冷卻過程所消耗的電力並不多，所以超導體可說是非常優秀的電磁鐵。

那所有磁鐵全都改用超導電磁鐵不是更省電費嗎？事實上LHC就是這麼做喔。這麼一來，確實運作成本會很便宜，不過初期成本相當高。而且，必須處於非常溫環境下的實驗裝置在處理上還是有些麻煩。

一開始在這種超導電磁鐵上施加的電流是4400安培（A），是很強的電流喔。各位家裡的無熔絲開關通常是40安培左右，這表示4400安培的電流可以分給100戶家庭使用。由這樣的電流所產生的磁場是2.6特斯拉（T），大約是健康磁石的20倍。換句話說，超導電磁鐵可產生的磁場是一般電磁鐵的2倍。

接著，就讓我們來實際看看J-PARC的裝置長什麼樣子吧！可以看到許多厲害的機械喔。

©Joe Nishizawa（彩頁的所有照片）

LINAC

這是低速範圍用的加速器LINAC，
是一個300公尺長的直線型加速器，
可將靜止的質子緩緩加速。

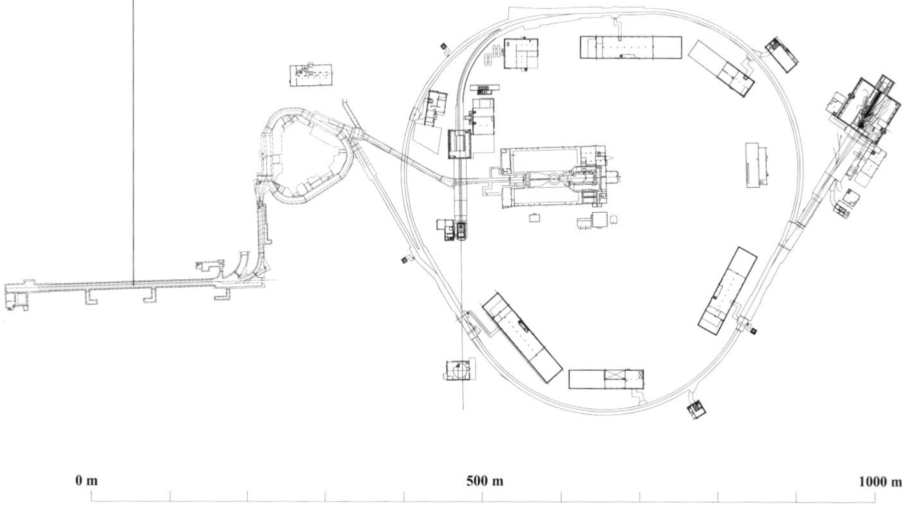

©KEK（以下同）

LINAC與RCS的匯流處

加速至低速範圍的質子
接著會進入中速範圍用的加速器——RCS。
這裡有許多巨大的電磁鐵，
可一邊控制質子的軌道一邊加速。

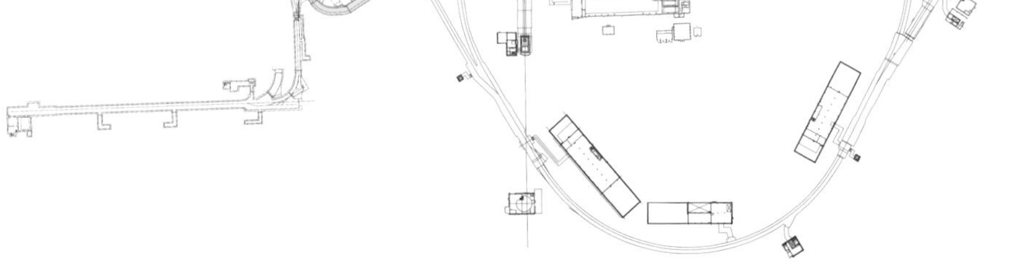

RCS

RCS的電磁鐵

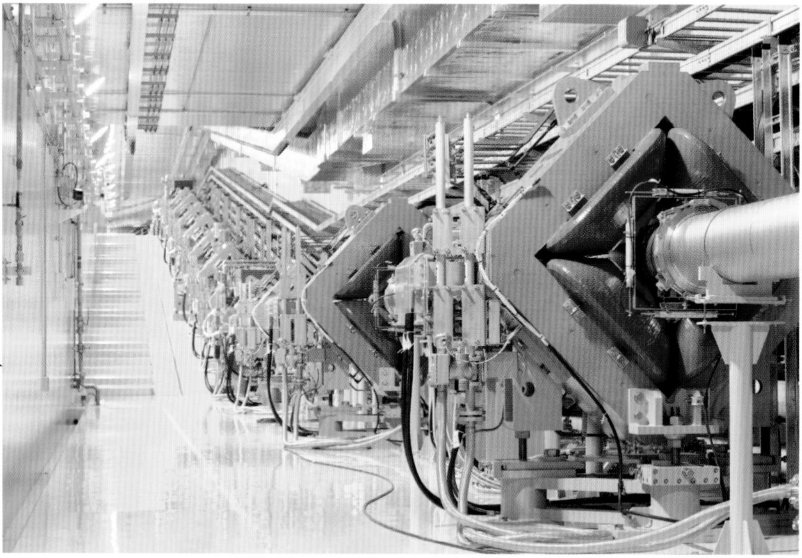

從RCS到地下的主環

主環的電磁鐵

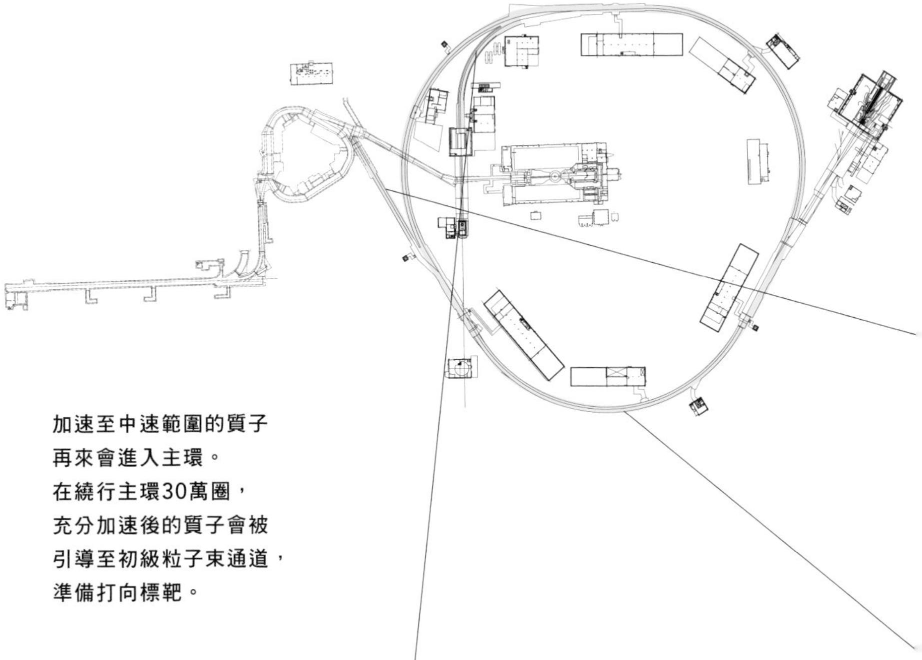

加速至中速範圍的質子
再來會進入主環。
在繞行主環30萬圈，
充分加速後的質子會被
引導至初級粒子束通道，
準備打向標靶。

初級粒子束通道（超導電磁鐵）

標靶（牆壁）是一個直徑為26毫米，長度為90公分的棒狀物（圖14☞）。粒子束很細，標靶也會做得和粒子束差不多寬，畢竟也沒有必要製作比這更大的標靶。

標靶的材質是石墨。以前曾使用過金屬，前一個世代中用的就是鋁。不過這種新型加速器的粒子束威力過強，用金屬的話會過熱而融化。石墨就是鉛筆筆芯的材料，6B鉛筆的筆芯就幾乎等於是純石墨了。如果用鐵當標靶的話，熱量會集中在被粒子束打到的那一面；若改用石墨，熱量則會分散至整個標靶，熱衝擊較大。因此，在某些連鐵塊都會被熔掉的實驗條件下，石墨卻能夠作為標靶使用。

這個就是電磁錐（圖14☞）。我們會將電磁錐通電以產生磁場，用來捕捉飛散的π介子並將其聚集。我認為這是J-PARC內最帥氣的裝置，但它不只帥氣，也是微中子束通道中最重要的裝置——相當於心臟，或是引擎的地位。

通過電磁錐的電流強度非常大，可達320千安培（kA）。相當於8000個一般家庭（40A）的用電量，很誇張吧。通電時發出的可不是嗞嗞聲，雖然只有在粒子束打過來的3秒內通一次電，但就在這個瞬間，會發出震耳欲聾的巨大聲響，要是離得太近可能連鼓膜都會被震破。

圖14＊標靶與電磁錐

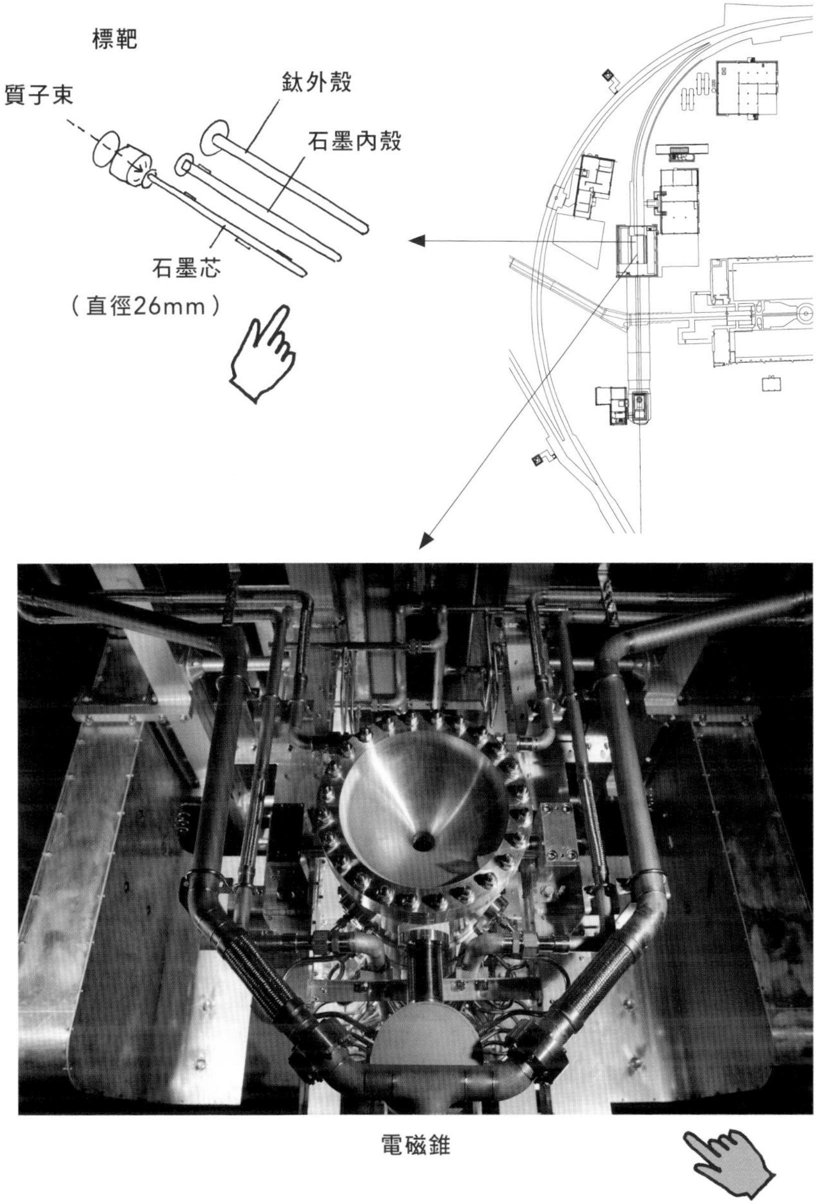
標靶
質子束
鈦外殼
石墨內殼
石墨芯
（直徑26mm）
電磁錐

衰變區域

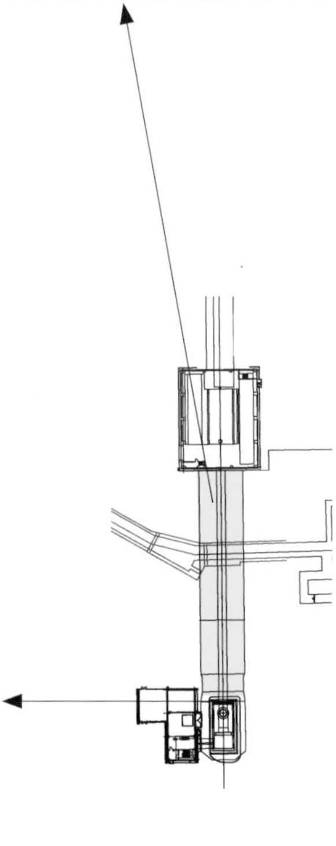

粒子束過濾器

由電磁錐捕捉、聚集後的π介子會進入名為衰變區域的空間，並在這裡衰變。衰變區域的長度為100公尺，截面內側的高為5公尺，寬為3公尺（外側的高為17公尺，寬為15公尺），是一個相當巨大的結構。這可說是微中子砲的砲身。J-PARC的微中子束是全世界唯一可以改變方向的微中子束。

在牆壁上的管路是冷卻管。在撞擊發生時會產生大量放射線，使整個裝置發熱。要是放著不管的話，溫度會逐漸提高，使裝置毀損，因此要以冷卻水進行冷卻。冷卻所需的水管有20條，為以防萬一，我們準備了40條水管供冷卻用。即使有一半的水管壞掉，還是有充足的冷卻能力。可見在設計時也有考慮到裝置壞掉的可能性。

在π介子通過這段區域之後，就會逐漸轉變成微中子。

而粒子束過濾器則有過濾粒子束的功能，可以擋下微中子以外的所有東西。在通過這個關卡後，便完成了只有微中子的粒子束。粒子束過濾器——與標靶一樣都是由類似鉛筆芯的材料製成。

以上就是微中子的製造方式。

微中子究竟是什麼呢？這個實驗又是想要研究些什麼呢？為什麼要花1500億日圓來研究這個主題呢？這些問題就讓我在下次上課時回答吧。

用最龐大的裝置來研究最微小的事物

在此為今天的課程做個總結吧，我們研究的是世界上最小的事物，然而我們所使用的是世界上最龐大的實驗裝置。實驗裝置那麼龐大，並不代表和宇宙的研究有什麼關聯。「為什麼要做得那麼大呢？」這個問題已在今天的課程中得到答案。

另外，或許有很多人不知道，日本的加速器技術是世界第一。而在需使用加速器進行研究的基本粒子物理學領域中，日本也是世界頂尖的國家。之所以會沒有那麼多人知道這件事，大概是因為我們物理學家的宣傳能力太差了吧（笑）。

那麼，這堂課中我們說明了如何製造基本粒子的粒子束，下一次上課將會說明我們如何使用這些粒子束來進行研究。

第二章

人類對於「小」的概念能夠理解到什麼程度呢？

基本粒子概論——從原子到夸克

各位早安。繼續上一次的課程，今天讓我們從物質的組成開始談起吧。在我們逐漸把物質愈切愈小的過程中，各位得想辦法讓自己平常很少用到的想像力全力運轉，才跟得上我們談的概念。課程結束時，各位的腦細胞大概會死掉一大半吧（笑）。請發揮你們的想像力，努力跟上吧。

那麼，因為上一次我收到了不少問題，就先從回答這些問題開始吧！第一個問題是——

Q 為什麼要做這個工作呢？

嗯，你想問的應該是「為什麼這個金髮男會來做這個工作啊？」對吧（笑）。簡單來說……就是順其自然吧。

如果讓一般的學者或老師來回答這個問題的話，他們很可能會回答「小時候就很憧憬研究這項學問」，或者「小時候就很喜歡讀書」之類的答案，但我並非如此，我完全不是這種人。我的人生道路並沒有像他們那麼成功，我也不是從小時候開始就想做這個工作。

在國中以前，我讀的都是一般的公立學校。如各位所見，我並不是一個認真讀書的孩子，而是每天只想著要到哪裡玩。為此擔心不已的爸媽決定把我丟到補習班，而我在那裡遇見了我的恩師——清田老師。他是一位非常恐怖的老師，要是問得問題太爛，他會用「嗄~？」質疑你，所以大家都不敢問問題（笑）。拜此所賜，我開始學會如何自己思考問題。

在那位老師的教導下，我考進了一所大阪第一流的升學高中。那所高中的學生中，有許多人在畢業後進入京都大學就讀，我也在周圍同學們的影響下進入京都大學。我的家人中，有進入4年制大學就讀的只有我一個而已。

後來之所以會進入基本粒子物理學的領域做研究，也只是順其自然的結果而已。在我還是學生的時候，就認為基本粒子物理學是最菁英的科學家在做的研究，覺得「好像很帥的樣子，要不要去試試看呢」，沒想太多就走上這條路，然後不知不覺就到了現在這個地方任職。我就是這樣的人。

沒必要特地去做自己喜歡的工作

接著雖然算是一點題外話，不過有一件事我想在這裡和各位聊聊。我們常聽到「要做自己喜歡的工作」，或者是「沒有夢想的話是不行的」之類的話，但我卻認為這些想法不一定正確。相反的，要是每個人都在追求自己的夢想，只做自己想做的事的話，這個社會就無法順利運作。只有當每個人扮演好自己的角色，這個社會才能夠順利運行。所以我認為「不能沒有夢想」、「如果不是自己喜歡的工作就別做」這樣的想法是不對的。

而且，就算真的進入自己喜歡的職場，要做的也不會只有自己喜歡的工作喔。舉例來說，就算因為認為自己「很喜歡做研究」而成為研究者，要做的也不會只有研究工作，還必須得承擔一大堆雜務，而且大多是讓人討厭的工作。如果是因為「喜歡」而做這個工作的話，反倒會因此而開始討厭起這個工作，甚至產生「想放棄」、「想辭職」的想法。

所以我覺得在選擇工作時，最好不要只由自己的喜好來判斷。嗯，我們怎麼會講到這裡來了呢（笑）。

再來是下一個問題。

Q 要是發生地震等災害，造成研究設施停電的話，研究會停止嗎？日本不會輸給美國或歐洲嗎？

發生大地震時，比停電更恐怖的是搖晃造成的設施毀損。日本與美國或歐洲有一個決定性的差異，那就是很常發生地震。因此日本的實驗設施、實驗裝置等，都必須在考慮耐震程度的情況下進行設計。

有一次我去美國的研究所參觀他們的設施時，看到他們的實驗裝置只是單純把一堆器材往上堆，於是問他們研究所的人：「這樣發生地震時該怎麼辦呢？」他們則回答：「這裡沒有地震。」讓當時的我相當震驚。

在耐震程度上，我所設計的實驗裝置可以承受震度略大於6級的地震。但不曉得提供電力的東京電力公司是否也有一樣的耐震程度，所以我也不曉得地震時電力會不會受到影響。當然，要是沒電可用的話機器也無法運作就是了（事實上，東日本大地震時，機器並沒有多大損傷）。

不過呢，就算沒有發生這類意外，我們也不是一年到頭都在做實驗喔。加速器並不是一年365天都在運作，事實上，在夏季的7月、8月、9月這3個月，機器是停止運轉的。

你們知道為什麼嗎？答案你們一定想不到，是「因為電費太高」。「居然是這種理由？」會有這種疑惑也不奇怪，但這其實是很重要的因素。我們畢竟是拿國家的錢在做研究，必須把預算壓在一定範圍內才行。要是研究經費超支的話，就會連實驗都做不成囉。

每年電費高達50億日圓！

不管是夏天還是冬天，各位家中的電費應該都不會差太多才對。但像我們研究所這種吃電大怪獸，夏天和冬天的電費就差很多了，甚至連白天和晚上的電費也會有差距。那麼，我們研究設施的用電量是多少呢？大約是50百萬瓦（MW），而一般家庭的用電量差不多是幾千瓦（kW）左右。聽了這樣的說明，各位大概還是沒什麼概念吧，換個方式來說，我們一年的電費高達50億日圓，這樣會不會比較有想要節電的感覺了呢？要是連夏天都要進行實驗的話，電費更是會衝到100億日圓左右，所以才會在夏天停止運轉。

順帶一提，日本的夏天很熱，若要在夏天時使用加速器，會花很多電費在冷氣上。相反的，歐洲與美國的研究者們若要在寒冬時使用加速器，需花很多電費在暖氣上，所以他們會在冬天休息。

而且歐洲的休息相當徹底，冬天時研究者們連研究室都進不去。他們會把門鎖著，不讓任何人進出。感覺研究者就算在放假時也會到研究室工作到深夜才對，但歐洲不允許研究者們這麼做。為什麼呢？因為電費太貴了。看來不管在世界的哪個角落，電費都是個很重要的問題呢。

「日本不會輸給美國或歐洲嗎？」這個問題就留到下次討論競爭對手的時候再回答吧。

下一個問題。

Q 會研究如何用粒子束來破壞物質嗎？

我想這個問題想問的應該是能不能「當作兵器使用」吧。當然，我們不會光明正大地製造兵器。不過，我們確實有在進行「破壞物質的研究」，這裡就來介紹其中一種研究吧。

J-PARC旁邊有一個名為NUCEF的設施。要說這個設施的作用，就是專門處理放射性廢棄物的地方。剛從原子爐出來的核廢料，它的壽命可長達1000萬年左右。在這段期間內，核廢料會持續放出核輻射，所以只能將其埋在地下深處，可說是留給子孫們的負債。

相關研究團隊們的研究目的，就是盡可能縮短放射性廢棄物的壽命。用質子束來破壞放射性廢棄物，就可縮短它的壽命。雖然說「縮短壽命」也只是縮短到1000年左右，不過跟原本的1000萬年比起來只剩1萬分之1。這也是J-PARC在進行的研究之一。

Q 你們怎麼會知道如何製造出微中子束呢？是因為覺得「理論上或許做得出來」，才試著製作這個裝置，然後順其自然地「做了出來」嗎？有沒有嘗試製作了某個裝置，最後卻做不出結果的例子呢？

在20世紀初以前，所謂的物理實驗都是科學家們投入自己的財產去進行的——有點像是科幻小說中的怪博士那樣——如果是這樣的話也沒什麼不好。雖然我們能做任何我們想做的研究，但這畢竟是用稅金在做研究，要是失敗後兩手一攤說「做不出來」的話，未免也太說不過去了。這可是花了1500億日圓的計畫呢。

所謂的實驗，並不是突然冒出個想法，然後就去進行。大多數的實驗，都是建立在前人的實驗結果之上所發展出來的。因此，失敗的機率並不算高。然而，許多實驗會在第一次嘗試時得到奇怪的結果，讓人覺得「怎麼會這樣？」、「和一開始想的完全不一樣」。

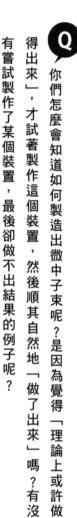

過去曾為了研究「質子衰變」的現象而花了數億日圓打造實驗設施，結果卻是一敗塗地喔。完全看不到質子衰變的現象。

雖然是個失敗的計畫，但後來這個裝置卻轉變成了世界第一的微中子檢出器——神岡探測器。所以，即使某個實驗失敗，實驗裝置也可能會在其他的情況被拿來再度利用。我們下次再來談神岡探測器的故事。

當然，失敗的案例還是很多。實驗的點子要多少有多少，就算失敗也不足為奇。大概100萬個石頭，才能找到1個寶石，科學的世界就是這麼回事。

接著就進入今天的主題吧。

上次我們講到如何藉由加速器製造出微中子束。接著我想要來談談，如何檢驗出微中子的存在，以及在這300公里的飛行過程中到底會發生什麼事。不過在這之前，我想先幫大家建立一些基礎知識。為此我準備了一些資料，不過看來或許講完這個部分後，今天就沒有多餘的時間了吧……（笑）。那麼就讓我們趕快開始吧。

首先我想要說明的是物質的結構。從原子開始，依照順序逐漸縮小尺度，最後講到微中子。

我是在進了高中之後才學到原子內的結構長什麼樣子，不過最近似乎國中就開始教這個部分。或許各位已經聽過這些內容了，若是如此，還請當作複習再聽一遍。

在加速器出現以前，人們是如何研究原子的呢？

首先要講的是，人們直到19世紀末，才明白到「世界上的東西好像都是由原子組成的」、「化學反應無法將物質分割成比原子更小的東西」這些概念。道爾頓發表了「原子論」。Atom（原子）一詞，即有著「不可再分割」的意思。

不過，有些科學家開始思考「原子內部又有什麼樣的結構呢？有沒有方法可以研究這個問題呢？」。若想研究這個問題的話該怎麼做呢？上次上課有來的人應該知道吧，只要破壞原子就行了。但可惜的是，以當時的技術還沒有辦法破壞原子。

於是科學家們開始思考，有沒有什麼方法可以在不破壞原子的情況下研究它的結構呢？

原子非常小，只有10的負10次方公尺，也就是1毫米的１０００萬分之１。如果把1毫米拉長成10公里，這時的１毫米就是10的負10次方公尺，這實在超出了一般人的想像極限……。

原子的質量是10的負24次方至負22次方公克。小數點以下的零太多了，所以之後都會用十的負多少次方來表示原子的質量。

拉塞福男爵想到了一種方法，能在不破壞原子的情況下研究原子內部結構。雖然拉塞福後來成功破壞了原子，不過此時他用的是不需破壞原子的方式。

α射線是由帶有電荷的粒子（帶電粒子）所組成的射線。在很多地方都可以找到α射線，某些溫泉更有著豐沛的α射線。拉塞福便想試著用這種自然界普遍存在的放射線來擊打原子。記得，這裡的α射線是由帶電粒子所組成的。

當然，當時並沒有加速器，所以拉塞福準備一種稱作鐳的物質，鐳在自然衰變時會放出放射性物質（α射線）。

拉塞福再將產生的α射線擊打由金原子構成的薄膜（金箔），觀察α射線通過金箔的情形。

拉塞福推論，雖然原子即使被α射線打到也不至於崩毀，但如果原子內部的質量分布均勻，像是填充了什麼東西一樣的話，α射線射入後速度應該會逐漸減慢，再從另一邊射出。

就像是將很小的粒子以很快的速度打入柔軟的質地——像是由顆粒狀果肉所組成的果實時，被打入的粒子速度會降低，然後從對向竄出。

但實際操作後，卻發現α射線速度沒變，就這麼通過了金箔（圖15☞）。

這不禁讓人懷疑「難道裡面空蕩蕩的什麼都沒有嗎？」。

不過，實驗中發現有極少數的α射線被彈開（圖15☞）。要是原子內部是由果肉般柔軟均質的物質組成的話，應該會直接穿過原子，而不會反彈才對。

換句話說，我們可以知道原子內部並不是由柔軟均質的物質填充而成，而是和太陽系的結構差不多——在中央處有小小的硬塊，周圍則是幾乎什麼都沒有的空間吧？於是，我們就將中央處的硬塊稱做「原子核」，環繞在周圍的東西稱做「電子」。

圖15＊原子的結構

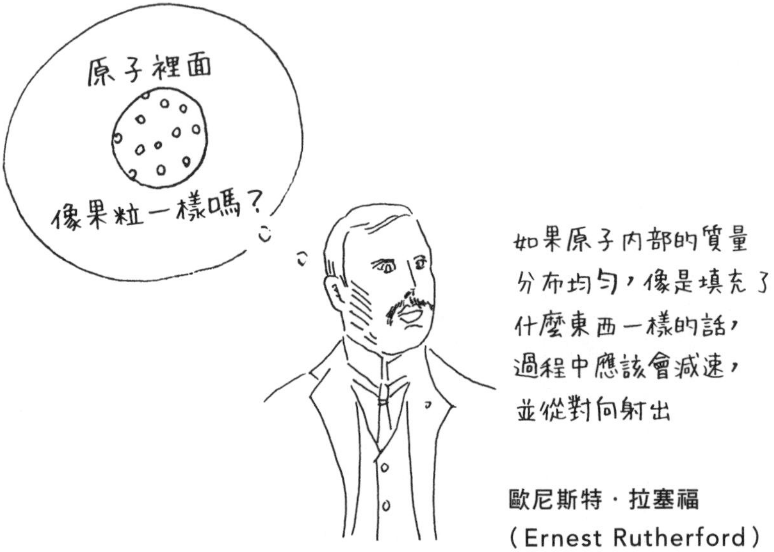
原子裡面
像果粒一樣嗎？
如果原子內部的質量
分布均勻，像是填充了
什麼東西一樣的話，
過程中應該會減速，
並從對向射出

歐尼斯特・拉塞福
（Ernest Rutherford）

實際將帶電粒子（α射線）射向金箔……

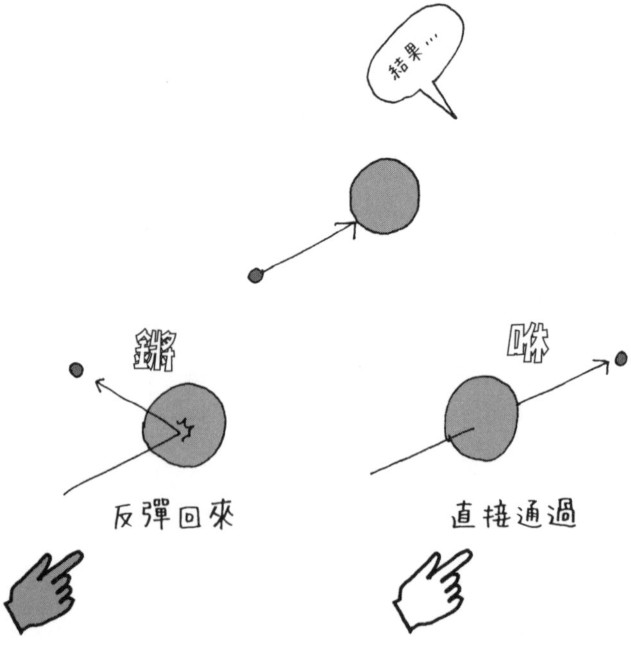
結果…
鏘
咻
反彈回來
直接通過

提出這個模型的是波耳（圖16）。

既然實驗本身是由拉塞福完成的，為什麼提出這個模型的不是拉塞福呢？事實上，拉塞福確實有試著描述電子的軌道，但總是無法解釋得很清楚。而波耳在參考了拉塞福的實驗結果後，進一步推論了電子的軌道，並建立出一套理論體系，能夠說明當時已發現的各種現象，且沒有出現任何矛盾。這是一個很重要的成就。

就拿相對論來說好了，當時有一大堆相似的理論。但只有愛因斯坦的理論可以說明所有的現象。

許多理論科學家都會提出自己的理論，但只有能夠說明所有現象的理論才能打敗其他對手，留存下來。

為什麼物理學不討論幽靈呢？

物理學是由說明現象的「理論」與重現現象的「實驗」兩大部分組成。只有理論的話是不行的，只有實驗也不行。「我知道會出現這個現象，但無法說明為什麼」這就不能叫物理學。所以像幽靈之類的東西就不是物理學的討論範圍。要是沒有能夠說明現象的理論，就沒辦法以實驗重現這個現象。

在拉塞福的時代，理論與實驗通常是由同一個人完成，不過現在卻是完全分工的

圖16＊波耳的原子模型

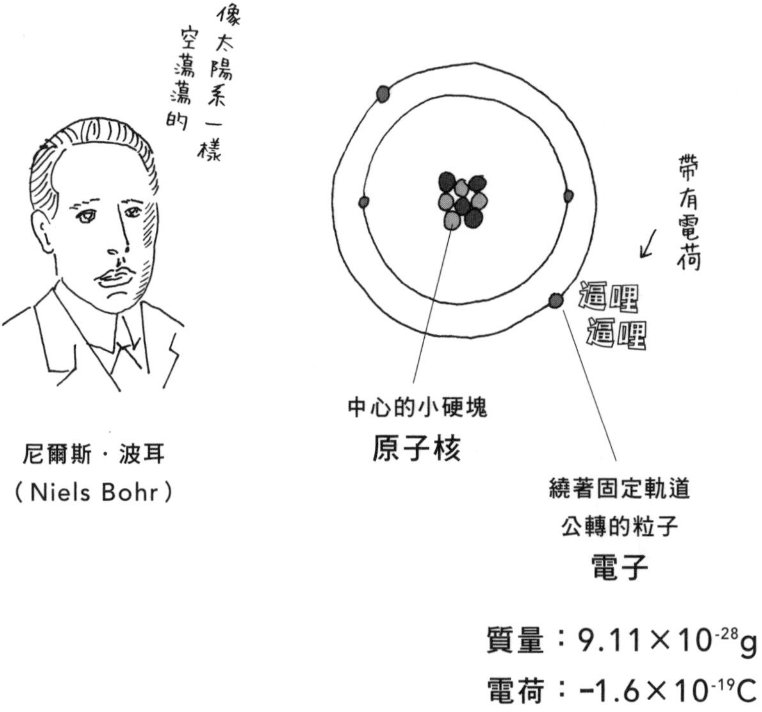

1個電子帶有的電荷量應該是世界上最小的吧，
那就把它當作電荷量的基本單位，定義為「1」好了

狀態。要如何以實驗驗證由理論學家隨便想出來……噢，應該說由他們十分認真想出來的理論呢（笑）？我們會先思考實驗方法，然後花幾千億日圓打造實驗裝置，再動用數百人的人力進行實驗。

我們這個T2K實驗就有500人在進行。而世界最大的實驗，LHC的超環面儀器（ATLAS）實驗則動用了3000人。由此可見這些實驗的規模有多大。

諾貝爾獎大多是僅頒給提出理論的人，以前就算了，現在好像有點不公平不是嗎（笑）？在基本粒子物理學領域，獲頒諾貝爾獎的6位日本人中，只有神岡探測器的小柴老師是實驗物理學家，其他都是理論物理學家。近年來諾貝爾獎似乎有從頒給個人逐漸改變成頒給團體的趨勢，不過反正諾貝爾獎是私人頒發的獎，不需嚴格要求它的公平性。就算是由政治因素決定得主也無所謂，會覺得頒獎一定要公平的人才奇怪吧。

咦，怎麼會講到這裡了呢？讓我們把話題回到提出原子模型的理論物理學家波耳上面吧。

電子是什麼？

波耳又被稱作「量子力學之父」，是一個很厲害的科學家。

他在28歲時就想出了這個波耳模型，並於37歲時拿到諾貝爾獎，也是後來許多基本粒子物理學家的老師。雖然他的知名度沒有像愛因斯坦那麼高。

剛才我有提到原子「裡面空蕩蕩的」不是嗎？從這張圖（P88圖16）看來，好像也沒有我講的那麼空，但實際上，原子核大約只有原子的10萬分之1大而已。光聽到數字大概還是很難想像，舉例來說，假設原子和這個教室一樣大，那麼原子核大概只有1毫米那麼大而已。就像是在這麼大的教室正中央放著一個1毫米大的原子核，很空曠對吧？原子的結構就是那麼不可思議。

繞著原子核轉的電子，質量非常小，大概只有整個原子的幾萬分之1到幾千分之1而已。

電子的另一個特徵是「帶有電荷」。若用物理學上的單位來描述電荷量（電量）大小，約為 -1.6×10^{-19} 庫倫（C）。由10的負19次方這個數字可以看出，這個電荷量的數值非常小，所以一般會用以下方式描述。

帶有-1電荷量

也就是說，因為電子非常小，不可能再被分割，就決定直接將它的電荷量當作1，並以此為基本單位來進行計算。

各位在化學課時應該有學過離子吧？離子就是一種帶有電荷的物質（原子）。

通常物質（原子）不會帶有＋或－之類的電荷，而是保持電中性。不過，若在某些原子上多加1、2個電子（－），就會使該原子陰離子化；或者從某些原子上拿掉1、2個電子，使其陽離子化，就可得到離子。

我們會用Na^{+}（正1價鈉離子）、Ca^{2+}（正2價鈣離子）、O^{2-}（負2價氧離子）的方式表示離子，右上方的數字代表離子的「電荷」（電子數）。也就是說，

Na^{+}　少了1個電子，電荷量為$+1.6 \times 10^{-19}$庫倫

Ca^{2+}　少了2個電子，電荷量為$+3.2 \times 10^{-19}$庫倫

O^{2-}　多了2個電子，電荷量為-3.2×10^{-19}庫倫

由於電子的電荷量是無法再分割的基本單位，所以可以將這裡的「-1.6×10^{-19}庫倫」當成「1」，再將其他離子的電荷量表示為1、2、3。

解說完原子的結構後，就可以試著來回答上次上課時收到的問題了。

Q 在和歌山毒咖哩事件中，研究人員是怎麼用SPring-8查出咖哩內摻有砒霜的呢？是將咖哩的粒子放進加速器裡加速嗎？

SPring-8是一個在兵庫縣播磨地區的環型加速器。結構與J-PARC的主環部分幾乎相同。不過J-PARC所加速的粒子是質子，而SPring-8加速的則是電子，差別就在這裡。為電子加速的同步加速器有什麼特徵呢？

上一次上課時我們有提到，同步加速器可讓粒子在環型軌道內飛行，並以電磁鐵控制其方向。這裡也是同樣的原理。SPring-8一樣是用電磁鐵來改變電子的飛行方向，使其沿著軌道前進，不過與質子不同的是，飛行時的電子具有某項特性。

如果在電子高速飛行時使其轉彎的話，電子會釋放出「放射線」，這是一種電磁波（圖17）。

這個性質，就是電子與質子的最大不同。這裡的放射線其實就是X光，也就是我們在醫院拍X光片時所用的X光。我們可藉由X光片看出骨骼的狀態。而這裡的放射線則可想成是更加精密的X光。研究人員就是將這些放射線打向咖哩。當咖哩內的原子被放射線（X光）打到時，會發生什麼事呢？

剛才我們提到，原子是由原子核以及在原子核周圍繞圈的電子所組成，就像是繞

圖17＊電子同步加速器的特徵

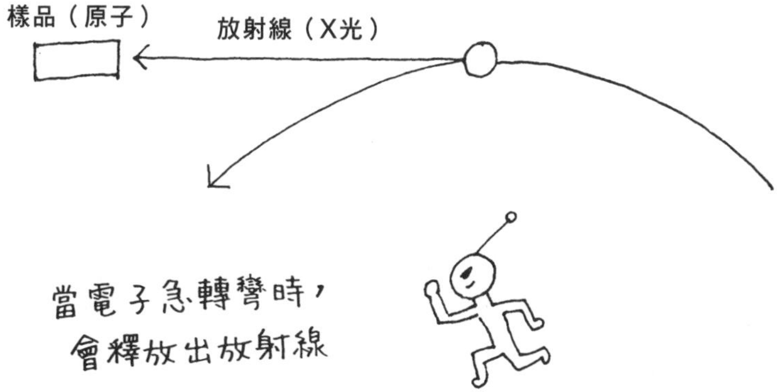
樣品（原子）
放射線（X光）
當電子急轉彎時，
會釋放出放射線

著太陽轉的行星一樣。電子之所以能這樣進行圓周運動，是因為原子核與電子之間有兩種能量（力）達成了平衡。

或許各位在物理課上曾經學過，這兩種能量中，一種是電子的「動能」（因為正在進行圓周運動，故有動能），另一種則是由原子核的引力所造成的「位能」。這兩者的平衡，使電子得以在漂亮的軌道上繞行。

行星的「位能」來自重力。在來自太陽之重力與繞行時之動能的平衡下，使行星能夠穩定地繞著太陽運轉。

另一方面，原子的「位能」則是由電磁力造成，而非重力。由於電子與原子核皆帶有電荷，故可藉由正電荷與負電荷之間的拉力，使電子穩定地在軌道上繞行。

＊怎麼查出咖哩內有毒的呢？

©RIKEN/JASRI

SPring-8

有毒咖哩內的原子為什麼會發光？

那麼，當X光（放射線）打向原子核與電子剛好達成平衡的原子時，又會發生什麼事呢？當X光鏘地一下，打到正在原子外側繞行的電子時，X光的能量會被電子吸收（圖18-❶）。簡單來說，這會讓電子彈起來。

於是，在原先軌道運行的電子會被加速，進入較上層的軌道（圖18-❷），並在這個軌道達成新的動態平衡。就像是人造衛星突然開啟引擎，轉移至較上層的軌道一樣。

但電子不會持續在能量較高的軌道中運行。這種狀態下的電子很不安定，過一段時間後就會自行回到原來的軌道（圖18-❸），畢竟原來的軌道比較穩定。就原子的軌道來說，離中心愈近的軌道就愈穩定。

電子是在吸收能量後才從下層軌道到達較上層的軌道，考慮到能量守恆定律，當電子回到原先軌道時，必須捨棄掉一部分的能量。而這些被捨棄掉的能量，就會以「光」的形式被釋放出來（圖18-❹）。

至於這個過程中會放出什麼樣的光，就取決於上層軌道與下層軌道之間的關係。電子只能在某些固定的軌道中運行。而兩個特定軌道之間的能量差，會決定此時所散發出來的光波長。不同物質在被X光打到時，會散發出不同特定波長的光。砷（砒霜的主

圖18＊當放射線打到物質上時……

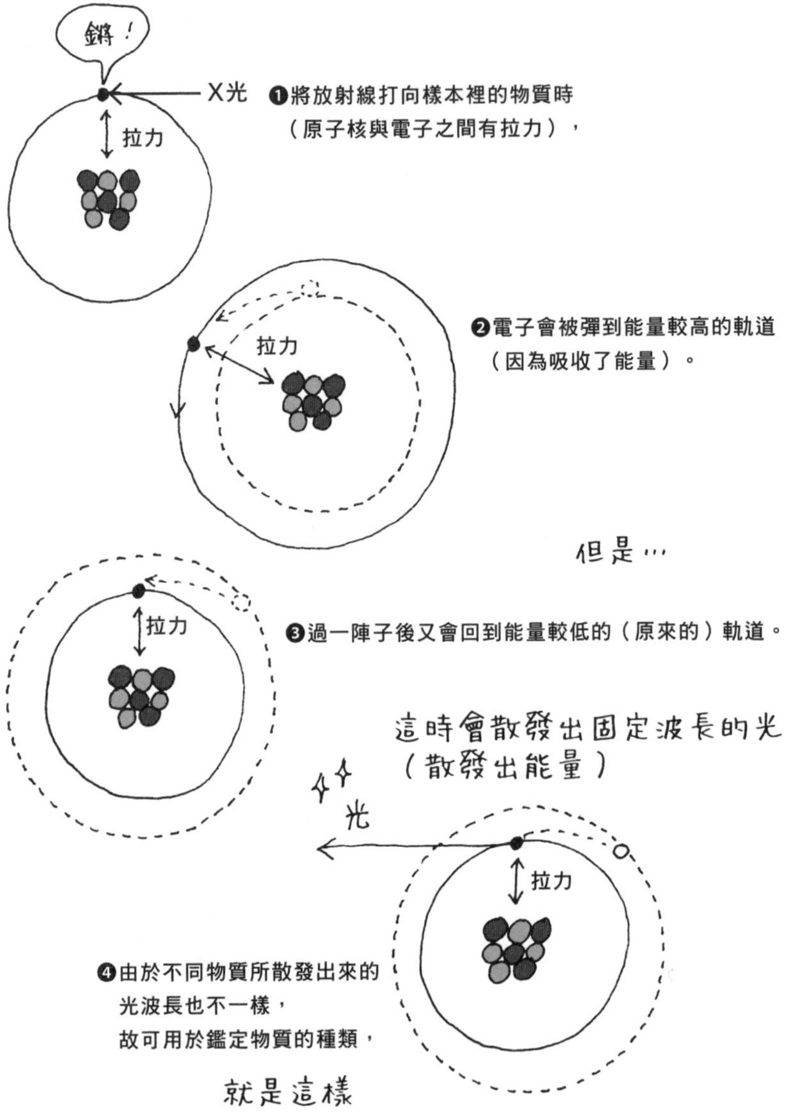
鏘！
X光
拉力
❶將放射線打向樣本裡的物質時
（原子核與電子之間有拉力），
拉力
❷電子會被彈到能量較高的軌道
（因為吸收了能量）。
但是…
拉力
❸過一陣子後又會回到能量較低的（原來的）軌道。
這時會散發出固定波長的光
（散發出能量）
光
拉力
❹由於不同物質所散發出來的
光波長也不一樣，
故可用於鑑定物質的種類，
就是這樣

要成分）被打到的話會散發出一種波長的光、氫被打到的話會散發另一種波長的光、鉛被打到的話又是另一種光。因此，只要測量光的波長，就可以知道「啊，這是某某物質」。

將少量由加速器所產生的放射線打向咖哩內的原子後，就可以由原子所散發出來的光，知道咖哩內有哪些物質，就是這麼回事。

能夠確定犯人身分的科學搜查方法

不過事實上呢，那次事件中並不是因為查出「咖哩裡面有砒霜」，所以「確定林真須美是犯人」喔。要確認咖哩是不是含有砒霜，只要用化學實驗就能馬上化驗出來了。而且就算知道咖哩內摻有砒霜，還是無法確認犯人是誰。

因此，確認咖哩內有沒有砒霜並不是使用同步加速器的目的，關鍵其實是砒霜裡的雜質。在不同地方買到的砒霜，裡面混有的雜質也會有所不同。

先用放射線檢驗有毒的咖裡，發現樣本內的雜質含有這個、這個，還有這個。另一方面，在嫌犯林真須美的家中搜出了砒霜，於是再用放射線檢驗砒霜內所含的雜質，發現和咖哩內的雜質成分一致。才能確定「咖哩內的砒霜是從這個家拿出來的，所以這個人是犯人」。

雖然犯人為殺害他人加入了大量砒霜，故樣本裡有大量的砷，卻只有極微量的雜質。這麼微量的雜質，沒辦法讓檢驗人員「在加入試藥後發生化學反應，並看到顏色改變」。若要找出這些雜質，就得使用能夠檢驗一個個原子的放射線。

接著，讓我們把話題拉回到物質結構上吧。

帶正電的質子與不帶電的中子

之前試著在沒有打碎原子的狀態下研究原子的拉塞福，後來終於成功打碎原子。接著他還將原子核打碎，得到了「質子」和「中子」。事實上，提取出質子的是拉塞福，不過提取出中子的是叫做查兌克（James Chadwick）的學者。

經研究調查後發現，電子與中子的質量幾乎一樣。事實上中子還比質子要重一點點——但幾乎相同，直徑也幾乎相同（圖19）。

要說質子和中子有什麼不一樣，其實從它們的日文名字上就可以看得出來。質子在日文中為「陽子」，而陽子的「陽」是＋的意思，即代表質子帶有正電荷。

中子不帶電，電荷量為零。為了表示其電中性，故取名為中子。

這裡的「帶有正電荷」的「電荷」，與先前提到電子的「電荷」完全相同。只是電子的電荷為負1，質子則是正1（$+1.6\times10^{-19}$庫倫）。

圖19＊原子核的結構

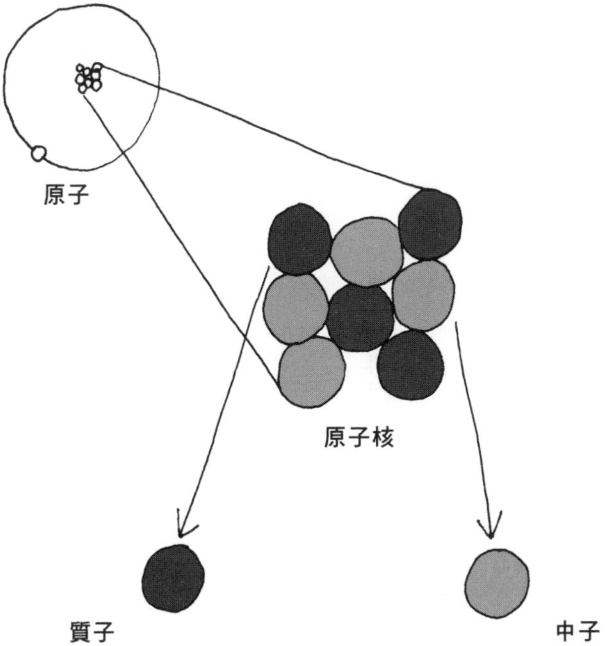

質量：1.67×10^{-24}g
直徑：10^{-15}m（1fm）

電荷量：1.6×10^{-19}C
‖
帶有+1電荷量

質量：1.67×10^{-24}g
直徑：10^{-15}m（1fm）

電荷量：0

想必大家在國中時應該也有學過，原子的種類相當多。那麼，週期表上的不同物質有哪些差別呢——例如，氫和鈉差在哪裡？砷和金差在哪裡？鐵和鋁又差在哪裡呢？事實上，差別就在原子核內。不同種類的原子，原子核內的質子數與中子數也有所差異。因此我們可藉由質子與中子數區分出不同的原子。

不過呢，我們在這裡發現了一件有些不可思議的事。

也就是以下這個疑問：

「為什麼原子核內只包含帶＋電的粒子（質子）和不帶電的粒子（中子）呢？」

一般來說，帶有＋電荷和帶有－電荷的粒子會彼此吸引，但原子核內卻只有質子（＋）和中子（不帶電），應該沒有任何力量把它們束縛在一起才對。相反的，原子核內有那麼多質子（＋），應該會彼此排斥才對。

然而，原子核卻相當堅固。在前面拉塞福的實驗結果中我們可以看到，就算是α射線，打到原子核時也會被彈開。原子核就是那麼硬梆梆的東西。為什麼呢？

這只能用有某種神祕力量綁住原子核來解釋，而且這種力量應該比電磁力還要強。因為這種力可以將帶有＋電的東西與帶有＋電的東西強制綁在一起。

這種力是人們繼「重力」與「電磁力」之後所發現的第三種力，被命名為「強交互作用（Strong Interaction）」。

「強交互作用」……不能再多花點心思命名嗎？雖然這名字很容易讓人有這種感

覺，用「交互作用」來命名總覺得怪怪的。不過除了「強交互作用」之外，也有人把它叫做「核力」。這樣聽起來似乎比較正式一些。

無論如何，最先提出這種力的是日本人——湯川秀樹。他是一位理論學家，所以他只有提出理論，像是「其中應該有某種力在運作」之類的，並沒有真正發現這種力。

說到這裡，讓我們試著回答這個問題吧。

Q 在加速器內繞圈圈的粒子（質子）是如何產生並放入的呢？

上一次上課時我們提到要將質子放入加速器加速，那麼這裡的質子又是如何製造出來的呢？

接著就來談談最簡單的質子製造法吧。

之前我們也有提到，不同種類的元素，其原子核的質子個數也不一樣。這種方法中，我們會用到世界上最輕、結構最簡單的原子——原子序為1的氫原子。氫原子僅由1個質子，以及繞行這個質子的1個電子組成。這就是我們的材料（圖20☜）。

接下來只要用某種方法拿掉這個電子，就可以得到質子了對吧。拿掉電子的方法其實比想像中還要簡單喔。

圖20＊製作質子的方法

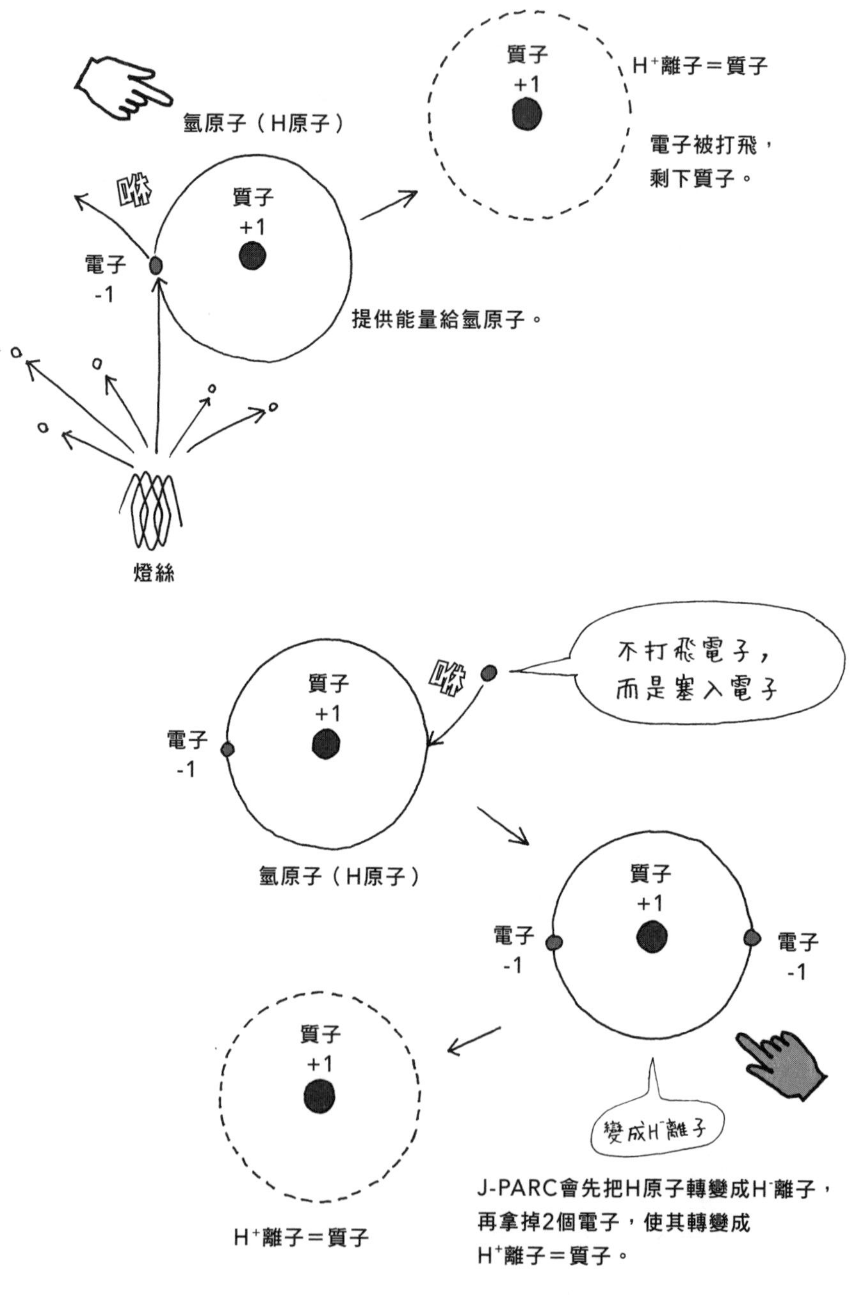

氫原子（H原子）
咻
質子
+1
電子
-1
提供能量給氫原子。
燈絲
質子
+1
H⁺離子＝質子
電子被打飛，
剩下質子。
不打飛電子，
而是塞入電子
咻
質子
+1
電子
-1
氫原子（H原子）
質子
+1
電子
-1
電子
-1
變成H⁻離子
質子
+1
H⁺離子＝質子
J-PARC會先把H原子轉變成H⁻離子，
再拿掉2個電子，使其轉變成
H⁺離子＝質子。

陽離子與陰離子的生成方式

前面曾提到我們可以「用X光把電子打出軌道」。當時我們只是將電子從下層軌道打至上層軌道而已，要是我們的輸出再大一點，就可以讓電子越過上層軌道，直接被打飛。用這種方法，就可以拿掉氫原子的1個電子。換句話說，只要能提供電子夠大的能量，使電子能夠擺脫原子核的拉力就行了。

當然，我們可以用很強的X光來做這件事，不過若只是要提供能量，有比X光更簡單的方法。

這裡有燈絲對吧。白熾燈泡裡的燈絲是由鎢製成的細絲，當我們加熱燈絲（通電）時，電子就會紛紛飛出。用從燈絲飛出來的電子，就可以將氫的電子彈飛。

這麼一來，氫就會因為少掉1個電子（帶負電荷）而成為H^+離子。H^+離子為完全沒有電子的狀態＝只有1個質子，也可以說H^+就是質子。

加熱燈絲，再用飛出來的電子將氫原子的電子打飛，就能得到質子。很簡單吧？

既然都提到了製造H^+離子的方法，就順便來談談製造H^-離子的方法吧。這時就不是將原子內的「電子（－）」打飛，而是要從外面將電子塞進原子內。若能調整好操作過程，就能得到電子軌道上有2個電子的產物（圖20☛）。這是由2個電子（-2）與1個質子（+1）所組成，總電荷量為-1，所以是H^-離子。

那該怎麼把電子塞進原子內呢？其實，這個過程一樣可以用加熱燈絲來完成。

隨著原子種類的不同，由燈絲所產生的電子可能會打飛原子周圍的電子，也可能會進入軌道成為原子的新電子。每種原子都有不同的功函數（work function），可決定原子的電子會傾向於被打飛，還是傾向於得到新的電子，故不同原子會有不同性質。

除了原子本身的性質外，加熱燈絲的力道（施加於燈絲上的電壓大小）也會影響到電子的行為。如果加熱燈絲的力道較強，飛散出來的電子就傾向於把目標原子內的電子打飛（若動能足夠的話）；如果加熱燈絲的力道較弱，飛散出來的電子就傾向於被目標原子吸收。

以氫原子的性質來說，原本就較傾向於吸收電子（容易成為陰離子），所以如果要製作氫的陽離子，一般來說不會用加熱燈絲的方式，而是用電漿法製造。和剛才講的方法不太一樣（笑）。

我們就是這樣製作出陽離子和陰離子的。

我們常可從電視與其他管道聽到「負離子（陰離子）對身體很好」之類的訊息，但通常不會進一步說明是指哪種原子的陰離子。當然，事實上並沒有這回事喔。

離子源與電荷轉換裝置

J-PARC會先將1個電子塞進氫原子裡面，使其成為H^-離子，再拿掉2個電子，成為H^+離子（質子）。為什麼要這麼麻煩呢？除了剛才提到「氫原子原本就較傾向於吸收電子」這個原因之外，還有一個理由是「這樣比較容易為其加速」。

這個就是J-PARC用來製作質子的裝置（圖21☜），叫做「離子源」。我們就是

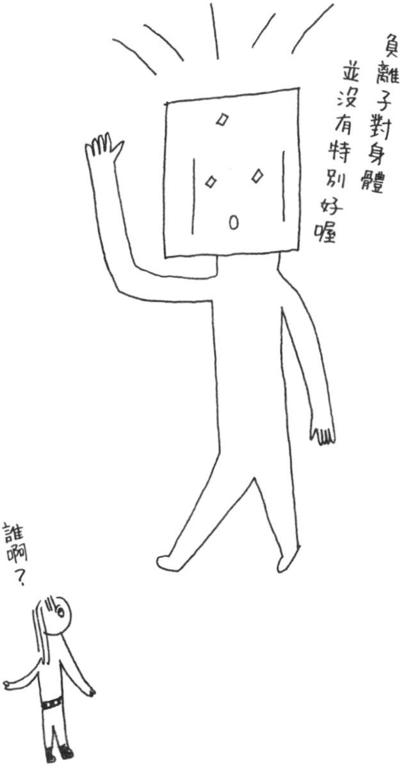

圖21＊用J-PARC製作質子的方法

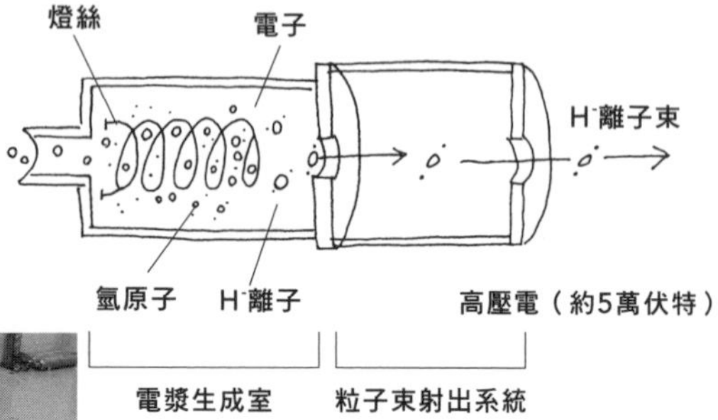

©KEK

J-PARC的離子源

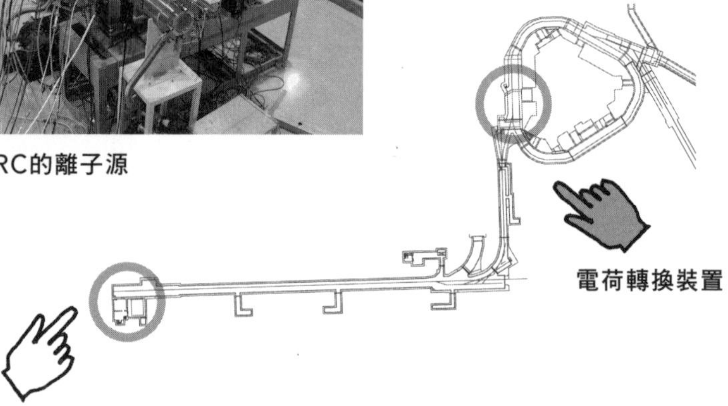

① 首先製作出H⁻離子

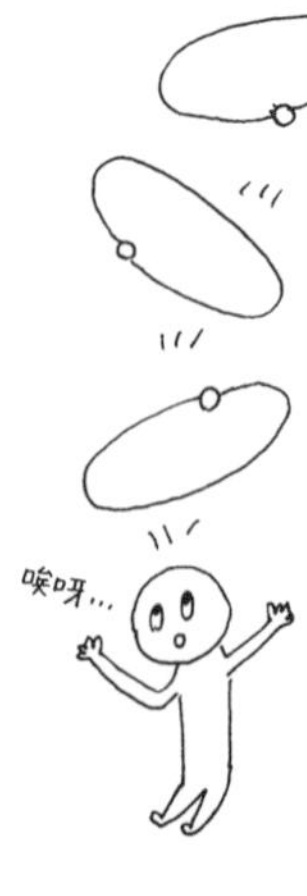

② 用薄膜剝離電子，
使其成為H⁺離子（質子）

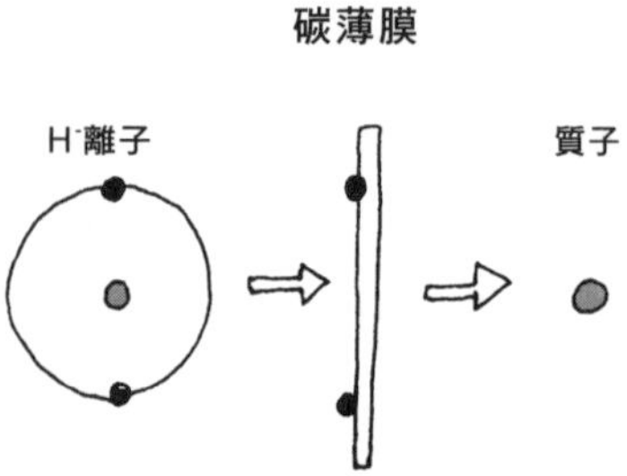

用剛才所提到的方法，先在這裡製造出陰離子。

為燈絲通電加熱以後，就像剛才說的，電子會紛紛飛散出來。這時再打入氫原子（氫氣），氫原子便會吸收這些電子，陸續轉變成陰離子，原理很簡單吧。

轉變成陰離子的氫離子因為帶有電荷，所以可用高壓電將氫離子噴出，形成離子束，再用加速器逐漸為其加速。

但我們要的並不是H^-離子，還得拿掉2個電子，才能得到我們要的質子。該怎麼拿掉這2個電子呢？這時就得用到所謂的「電荷轉換裝置」（圖21☛）。名字聽起來好像是很厲害的機器，但其實完全不是這麼回事喔，就只是一層碳原子的薄膜而已。名為薄膜，其實就是像鋁箔一樣的東西。將其張開在氫陰離子束通過的路徑上，當氫陰離子撞到這層薄膜時，電子就會被碳捕捉，只有質子能通過。

以上就是製作加速用質子的步驟。

回答完這個問題之後，讓我們把話題再拉回到原子結構上吧。

天才學者包立預言了微中子的存在

剛才我們講到科學家們已成功從原子核中提取出質子與中子，那麼接下來就讓我們試著將質子與中子分割成更小的粒子吧。

不過，即使我們沒有特別去管中子，放一陣子後，中子也會自己衰變，它的壽命只有15分鐘左右而已。或許你會覺得15分鐘很短，但在基本粒子的世界中，這已經是相當長的一段時間。

而且神奇的是，當中子衰變的時候，居然會變成質子，而且同時還會生成1個電子。剛才也有提到，雖然質子和中子的大小幾乎相同，不過中子又稍微比質子大一些，可以把多出來的部分想像成是電子。

由於質子帶＋電，電子帶－電，正負相加剛好抵銷，故會得到中子，這樣確實能說明「中子＝質子＋電子」的推論，讓人覺得「啊，真是太棒了」。但事實上，最初發現這點的人們在經過各種研究之後，發現了一件很奇怪的事（圖22）。

那就是，質子與電子的個別質量加總後，與中子的質量並不相等。用比較嚴謹的方式來說，這裡計算的不只有質量，還包括了依其運動速度所計算出來的能量，故計算的是質量與能量的總和。

「這是第一個打破能量守恆定律的例子！」在當時引起了很大的騷動。

有人說：「大概在微小世界內，能量守恆定律不會成立吧？」

不過就在此時，又出現了一位很偉大的物理學家。他就是包立，是剛才提到的波耳的徒弟。他說：

「能量守恆定律是最基本的定律，絕不能隨便懷疑這個定律！」

圖22＊中子的β衰變

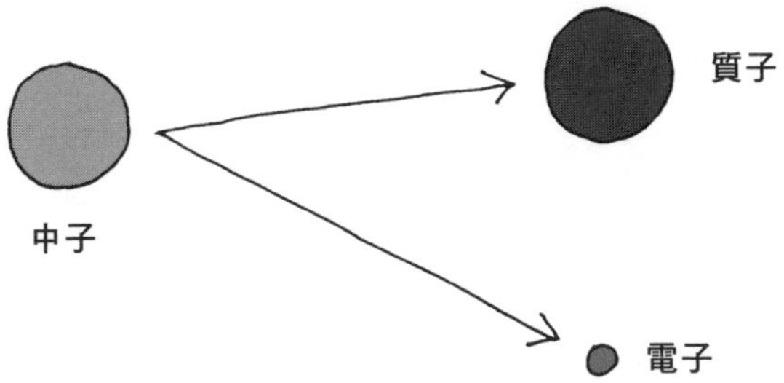

中子經過15分鐘後就會自動
衰變成質子，並生成1個電子。

但是

兩者的質量（與能量）的合計卻不相等。

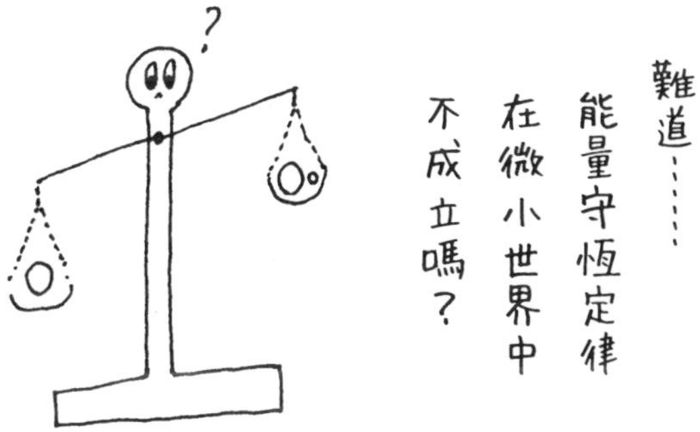

「但事實上，這個定律確實打破了不是嗎？」許多人反問：「不然這個現象該怎麼解釋呢？」

於是，包立這麼回答：

「這一定是因為世界上還存在有某種我們還沒發現的粒子，就是這種粒子在衰變過程中把能量帶走了」（圖23）。

這真是大膽的想法不是嗎？居然能斷言有某個尚未發現的粒子存在。

也就是說，在中子衰變時，會變成質子與電子，但還會生成1個尚未發現的粒子。若把這個粒子加進去，能量就能達到平衡——這就是包立提出的理論。

「你該不會在亂掰吧」不禁會讓人這樣想對吧。感覺就像是為了讓數學公式能成立，而刻意加上去的項目一樣。不過這個由包立所提出的粒子，在4年後由名為恩里科・費米（Enrico Fermi）的人命名為「微中子（正確來說是反電微中子）」。

而且，包立還特別強調「這種粒子可沒那麼容易發現喔」，聽起來是不是愈來愈有「該不會都是你在吹牛吧」的感覺了呢（笑）。因為包立一邊鼓吹「世界上有這東西喔！」，卻又一邊說著「可是沒那麼容易找到」。

但令人想不到的是，過了26年後，科學家們真的找到了這個粒子，確認了微中子的存在。

而在測量這種微中子的能量之後，發現與中子衰變時損失的能量完全相同，震驚

圖23＊微中子的發現

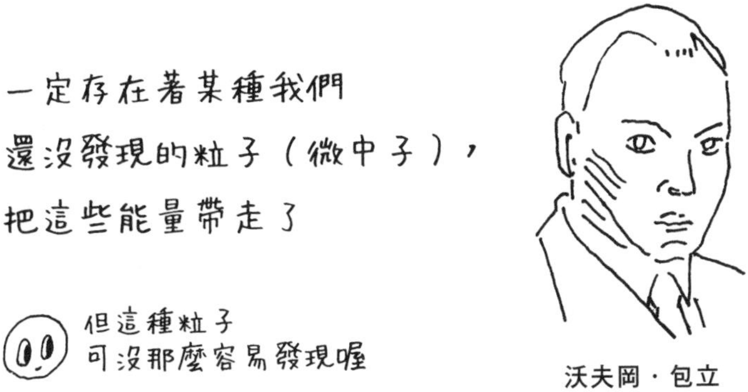
一定存在著某種我們
還沒發現的粒子（微中子），
把這些能量帶走了
但這種粒子
可沒那麼容易發現喔

沃夫岡・包立
（Wolfgang Pauli）

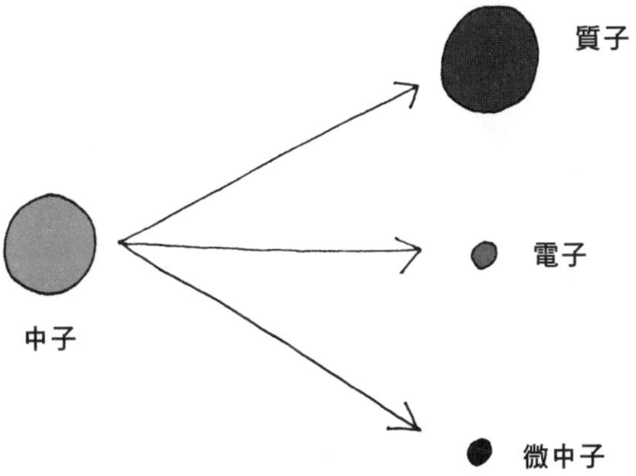
質子
電子
中子
微中子

就是這樣！

了全世界。於是大家開始說：「包立太強了吧！」嗯，包立真的很強。

支配自然界的4種力

把話題拉回來，當時的人們觀察到「中子在經過15分鐘以後會自然衰變」，但他們過去從來沒見過這種「粒子會自然衰變」的現象。不是利用人為外力刻意破壞，而是自然而然的衰變。

這種現象沒辦法用過去人們知道的重力或電磁力解釋，也沒辦法用剛才提過的，綁住質子與中子的「強交互作用」來解釋。所以這一定是除了「重力」、「電磁力」、「強交互作用」以外的第4種力。

這就是在粒子衰變時運作的力——「弱交互作用（Weak Interaction）」。這和我們印象中用來推拉東西的「力」不太一樣，不太容易想像。這和其他3種力不太一樣，大家可能會覺得有點奇怪，但總之先暫時接受這點吧。

之所以會這樣命名，是因為弱交互作用比電磁力還要弱。既然都有力的名字叫做「強交互作用」了，那麼取名為「弱交互作用」應該也沒什麼關係吧？於是就這麼命名了。真是隨便的命名方式不是嗎？

提出這點的，正是為微中子命名的恩里科・費米。

至此，存在於自然界的4種力便已到齊。這4種力就是現在人們已知所有存在於自然界的力量。

那麼，如果將質子與（經過15分鐘後自然衰變前的）中子打碎以後，又會跑出什麼樣的粒子呢（圖24）。

兩者都是由3個更小的粒子所組成的。

中子自然衰變後會得到質子與電子，所以中子衰變前就是由質子與電子所組成的不是嗎？想必各位一定會這麼想吧，但這並不正確。中子的自然衰變是由於內部發生了變化，詳情將在之後說明。

以前人的命名拿到現在來看常讓人覺得尷尬

質子與中子是由被稱作「上夸克」與「下夸克」的粒子所組成的。

「夸克」是什麼意思呢？其實夸克原本是一種鳥叫聲，取自作家詹姆斯・喬伊斯（James Joyce）的小說《芬尼根的守靈夜》（Finnegans Wake）一書的內容。想必那種鳥應該是「夸克夸克」地叫吧。

那為什麼要取這種好像有點隨便的名字呢？前一個世代中，人們發現質子與中子

圖24＊質子、中子的結構

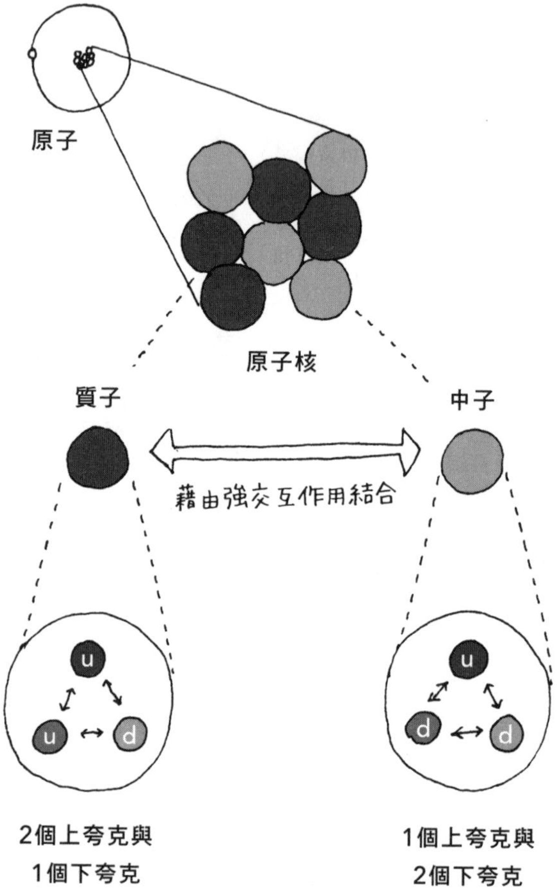

質子與中子分別是由3個粒子所組成。

時，總是說著「這應該就是世界上最小的粒子了，它們就是基本粒子！」之類的話。人們以為「這些就是基本粒子，沒有比這更小的粒子了！」，但後來卻發現「事實上這些粒子是由更小的粒子組成的」。這樣的話，以後會不會又發現夸克是由更小的東西組成的呢？要是現在為粒子命名時，取了一個很像是「基本粒子」的名字的話，以後發現更小的粒子時不是會很尷尬嗎？因此便取了「夸克」這個本身沒什麼意義的名字。

質子是由2個上夸克與1個下夸克組成，中子則是由1個上夸克與2個下夸克組成。如各位所看到的，各個夸克帶有的電荷並不是1（圖25☞）。

前面提到電子擁有最基本的電荷——故我們把-1.6×10^{-19}庫倫（C）當成基本電荷單位「1」。但夸克的電荷量卻是⅔，可見電子的電荷量一點也不基本（笑）。想必未來的人們看到也會覺得「這什麼鬼啊？」吧。

質子內的三個夸克分別帶有+⅔、+⅔、-⅓的電荷，加總後可得到+1。中子則是+⅔、-⅓、-⅓，剛好互相抵銷得到0。這樣就能完美說明質子與中子的電荷了。

不用正或負來命名，改用紅、藍、綠

剛才有提到，質子與中子可藉由強交互作用結合在一起。在強交互作用下，2個

圖25＊夸克的電荷與色荷

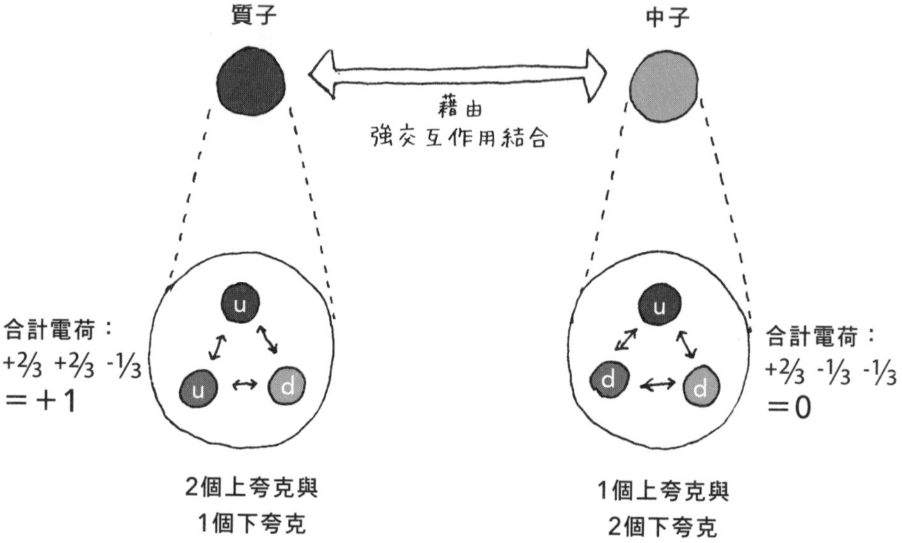

上夸克　電荷：+2⁄3
　　　　色荷：紅or藍or綠

下夸克　電荷：-1⁄3
　　　　色荷：紅or藍or綠

原本以為電子的電荷量是最小的，才設定為「1」，
沒想到還有更小的……。（只好設定為1/3和2/3）

帶有正電荷的粒子也能夠彼此結合。那麼所謂的強交互作用又是如何運作的呢？讓我們稍微談談這點吧。

和電磁力擺在一起比較或許比較好理解。

若要問電磁力的運作機制為何，其實就是靠「電荷」來彼此相吸相斥。帶有＋電荷的東西與帶有－電荷的東西，彼此間會產生吸引力；同樣帶有＋電荷的東西，或同樣帶有－電荷的東西，彼此間會產生排斥力。也就是同性相斥、異性相吸的道理。電磁力就是靠著電荷（＋與－）發揮其作用。

那麼對於強交互作用來說，相當於「電荷」的屬性是所謂的「色荷」。這個詞乍聽之下很奇怪對吧，其實這是由「color charge」硬翻後的產物（順帶一提，「電荷」是翻譯自「electric charge」）。

色荷到底是什麼呢？電荷可分為正負2種，色荷卻可以分成3種，故色荷沒辦法像電荷一樣命名為＋或－。那該怎麼為不同的色荷命名呢？因此，經過思考後——嗯，大概就是有某種理由——研究者將色荷命名為「紅」、「藍」、「綠」，也就是顏色的3原色。

若各位仔細看家中的電視，可以發現螢幕是由這3種顏色的顆粒所組成的，調整紅、藍、綠等3種色光的強度，便可合成出所有顏色。不過為色荷命名時，只是因為和3原色一樣都可分為3種，才借用了「紅」、「藍」、「綠」的名字，並不表示夸克真的有這3種顏色。

總之，請各位把這當成「反正就是這樣」先接受它並記下來就好，因為這些東西之後還會登場。

基本粒子整理

讓我們來整理一下至今出現過的粒子吧（圖26）。

質子和中子僅由上夸克與下夸克組成，但除了這2種夸克還有數種不同的夸克。目前我們已發現了6種夸克。

除了上夸克與下夸克以外的4種夸克僅於宇宙剛誕生時存在，到了現在（已冷卻的宇宙）這4種夸克已不復存在。由於它們的能量偏高，所以在宇宙冷卻下來後便會迅速衰變。

2008年的諾貝爾獎得主小林誠老師與益川敏英老師曾說過：「若存在6種夸克，就能夠解釋所有的物理現象」。他們在20多歲時就提出了這個理論，但經過了很長的一段時間，所有的夸克才在實驗中被觀測到。KEKB只在一瞬間——以皮秒為單位的極短時間內，成功觀察到人為製造出來的夸克（或者說是包含了這種夸克的粒子），才讓他們獲得了諾貝爾獎。

圖26＊組成物質的基本粒子一覽

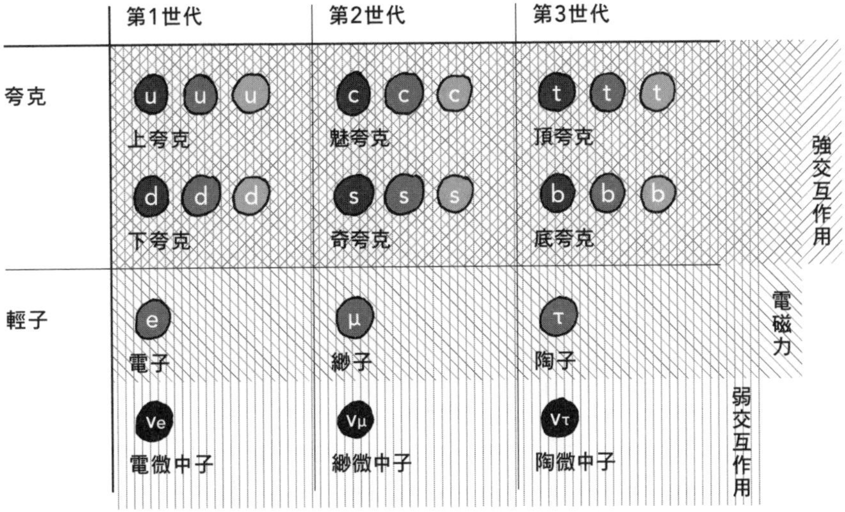

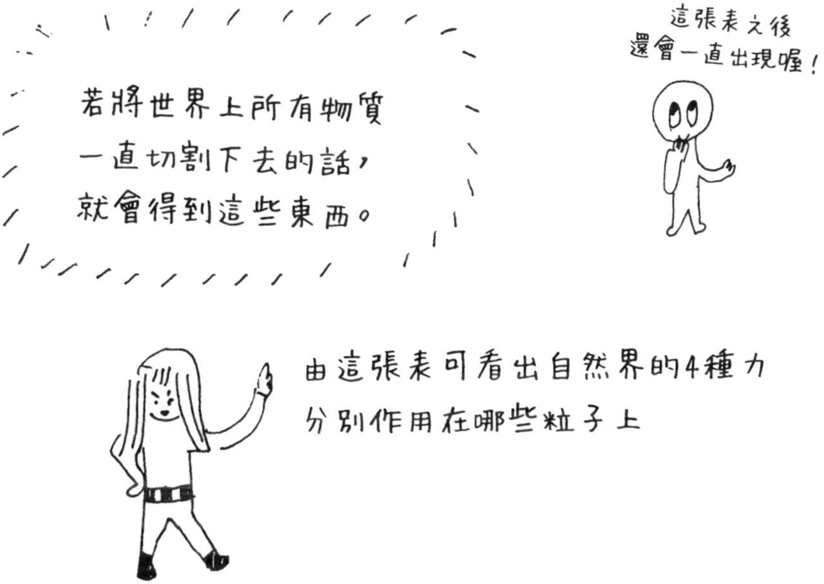

除了「夸克」之外，還有一群粒子被稱作「輕子」。這些輕子（「輕子」英文為「lepton」，即「輕」的意思）包括我們從課程一開始時便一直提到的「電子」，以及各種與電子類似的粒子。

輕子與夸克被我們分成不同的族群。那麼這兩者有什麼不同呢？事實上，夸克會受強交互作用影響，輕子則不會，就是這點不同。而我們便是以這個特徵畫分界線，將粒子區分成2大類。

若以電磁力來分類的話，所有的夸克與輕子中的電子、緲子、陶子（tauon）會受到電磁力影響。在表中是標示▨的區域。

至於剛才提到的弱交互作用，則會作用在這張表中的所有粒子上。可能你會想問「那有沒有哪個粒子不會受到弱交互作用的影響呢？」其實是有的。我們下次上課時會提到的光，或者說是光子，就不會受到弱交互作用的影響。

而重力則會作用在所有粒子上。

因此，我們能以這4種力分別作用在哪些粒子上（或者不作用在哪些粒子上），為基本粒子進行分類。

這就是我們為基本粒子分類後的結果，真是費了不少工夫呢（笑）。

最後讓我們進一步介紹「強子」這個分類吧（圖27）。

圖27＊強子是什麼呢？

由夸克所組成的基本粒子。

也就是說，質子與中子都是

強子

另外

質子

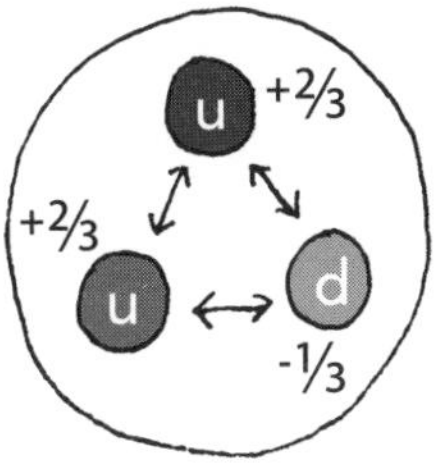

p^+

由3種夸克
所組成的粒子
↓
被稱為

重子

π介子

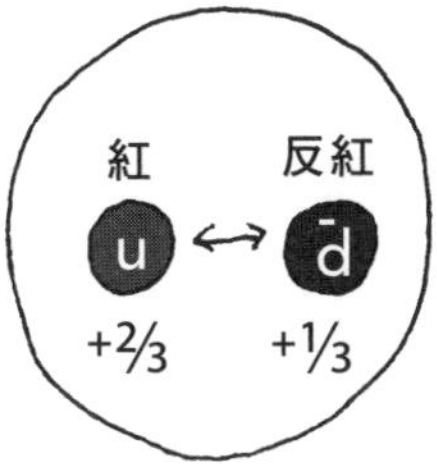

π^+

由2或4種夸克
所組成的粒子
↓
被稱為

介子

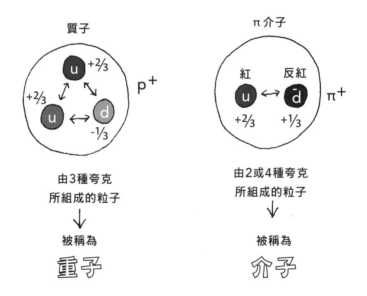

物理學家認為「做不到某些事」的原因

強子（hadron）是什麼呢？簡單來說，就是「由夸克所組成的粒子」，所以質子與中子都屬於強子。

在強子中，像質子與中子這樣由3種夸克所組成的粒子又叫作「重子」（baryon），而由2種或4種夸克等「偶數個夸克所組成的粒子」則叫做「介子」（meson）。

介子內會有一些比較特別的夸克，像是以$\bar{d}$（d bar）表示的「反下夸克」，這是下夸克的「反粒子」。至於反粒子又是什麼，將在之後的課程中說明。介子就是像這樣，由「上夸克」與「反下夸克」成對組成。

事實上，從來沒有人能夠單獨將夸克分離出來。研究人員嘗試過各種實驗，直到現在都沒有成功。也就是說，人們目前還沒有辦法單獨取出1個上夸克，或是單獨取出1個下夸克。

不過人們倒是有辦法單獨取出輕子（電子或微中子）。我們每天都在用電（電流即為電子的流動），微中子則可用加速器製造出來。為什麼我們可以單獨取出輕子，卻無法單獨取出夸克呢？這兩者的差別就在於有沒有受到強交互作用的影響。人們至今仍無法單獨取出受強交互作用影響的粒子，這種力還真「強」不是嗎？要把這些粒子拆開可沒那麼容易。

拿質子來說，就算我們想把質子打碎，也只會得到一堆奇怪的碎片而已，不管怎麼做都得不到單獨的夸克。

物理學家會怎麼看待這件事呢？他們並不會謙虛地認為「是因為自己的能力不足而無法單獨取出夸克」，物理學家會認為「原本夸克就不會單獨存在，所以絕對無法單獨取出」。也就是說，之所以無法單獨取出夸克，是因為自然界本來就是這個樣子，絕不是因為科學家自己實驗失敗喔。

到這裡，就可以再進一步說明為什麼要用「紅」、「藍」、「綠」等顏色來為夸克命名了。

因為「我們人類沒辦法觀察到紅、藍、綠等顏色」。我們的眼睛雖然有感應紅光、藍光及綠光的感應器，但沒有黑與白的感應器，只能看到像是黑白電視那樣的灰階畫面。因此沒有辦法單獨分辨藍色、紅色及綠色，所以我們觀察不到像是上夸克或下夸克這種有顏色的粒子（無法單獨分離出來）。

不過，如果紅藍綠的夸克剛好各有1個結合在一起的話，在3原色混合的效果下，就會變成白色，這時我們就能觀察到這些結合在一起的夸克囉。就像黑白電視那樣。

科學家們就是這樣解釋為什麼不能單獨取出夸克的，這理由編得還不錯不是嗎？

另一方面，可能有人會問「像介子這類只有2種夸克的粒子又該怎麼解釋呢？這

＊夸克為什麼用3種顏色命名？

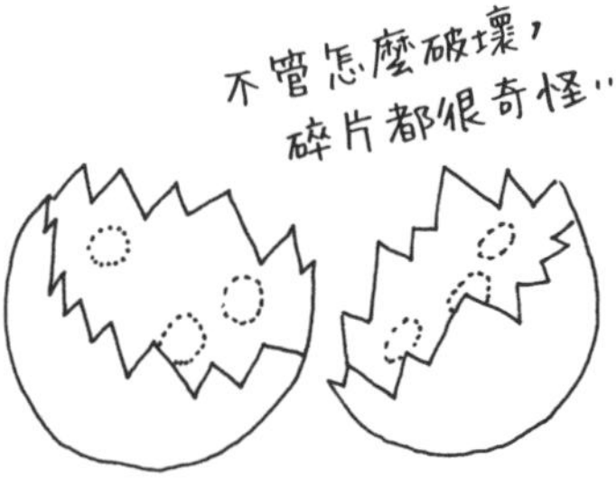

無法單獨取出夸克。
無法觀察到單一夸克。

這不是因為我們能力不足，
應該是自然界本來就是這樣

舉例來說，假設我們人類
只能看到黑白電視般的畫面。

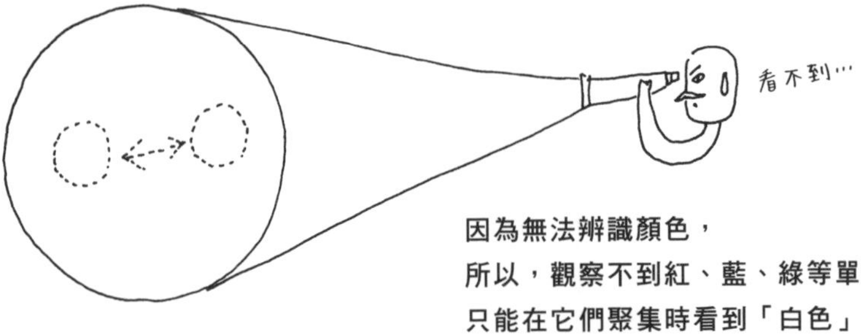

因為無法辨識顏色，
所以，觀察不到紅、藍、綠等單色的夸克，
只能在它們聚集時看到「白色」，
並認定這個群體不是「黑色」。

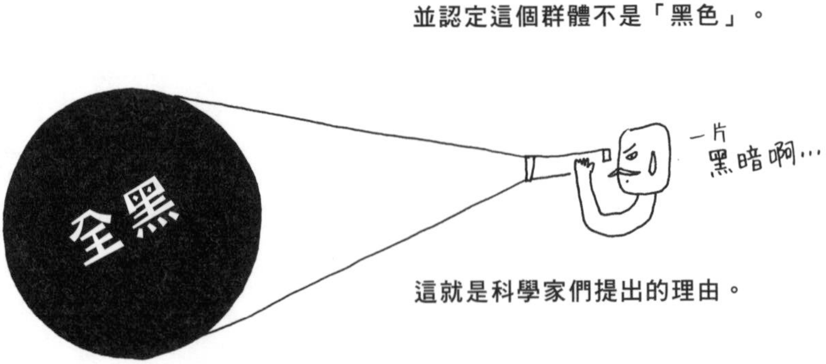

這就是科學家們提出的理由。

樣就不能拿3原色當理由了吧？」面對這樣的問題，科學家們的回答是，介子可由「紅和反紅」的夸克組成。然後一定又會有人問「反紅是啥啊？」（笑）。紅和反紅是互補色的關係，就像＋和－相加後可互相抵銷得到零一樣。也就是說，會變成黑色（在光的世界中，色光消失後會看到一片黑，而非白光）。因為得到黑色，所以可以被只能看到黑白電視的我們觀察到。我們可以分辨白與黑，但有顏色的東西，像是紅或反紅我們卻看不到，這就是科學家們的解釋。

所謂的物理學家，是在有什麼新發現之後，開始為這個新發現找理由，並寫出相關理論。若找不到理論上應該有的東西，則會另外想個理由說明為什麼找不到。直到他們能說出「啊，原來如此」之後才能安心下來。

好的，上了那麼久的課，大家應該也開始想睡了吧（笑）。那麼今天的課就到這裡結束。

這堂課中，我們從從原子開始，進入夸克、輕子的領域。就算細節沒有聽得很懂，只要能掌握大致的內容就可以了。下一次上課將會以本次課程內容為基礎，開始談談什麼是微中子。

第三章

開拓「知識」的瞬間

超級神岡探測器如何捕捉微中子呢？

各位早安。這堂課我一樣會先回答各位的問題，然後再進入今天的課程主題。那麼第一個問題是——

Q 您說J-PARC的離子源一開始會先製備H^-離子，之後再轉換為H^+離子。為什麼這樣會比較好加速呢？

上一堂課中，我們提到了如何製備質子，並將其做為加速用的粒子送入加速器中。一開始我們會先製備H^-離子，並用低速加速器為其加速，讓粒子匯集在這個地方（圖28☞），藉由通過碳薄膜產生H^+離子（＝質子）。

在此處雖然想要讓新產生的粒子與先前已進入軌道繞行的粒子束（帶有＋電荷的質子）會合，不過已進入軌道繞行的順時針粒子束要往右彎，但要與其會合的粒子束則要往左彎；若要以同樣的磁鐵讓兩股粒子束產生不同的轉向，在兩者會合時，必須要使兩者的電荷性質相反。

因此，一旦H^-離子與粒子束會合後，我們就會拿掉2個電子（－）使其成為H^+離子（＝質子）。

圖28＊為什麼先製備H^-離子，再轉換為H^+離子，會比較好加速呢？

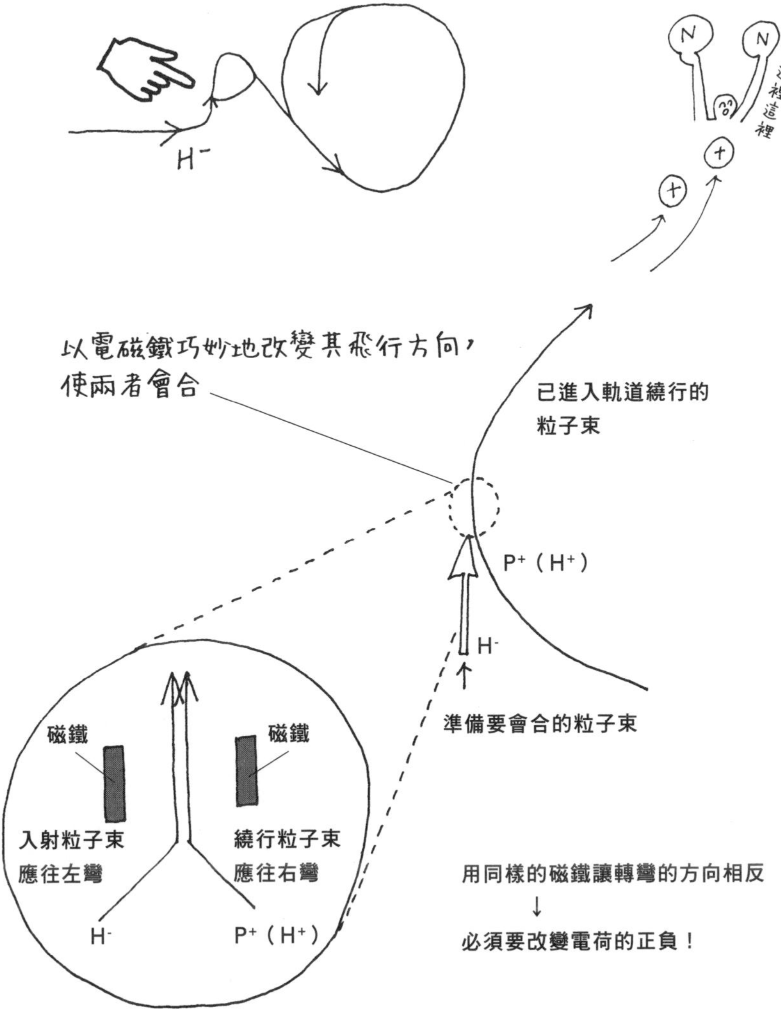

Q 我想知道更多關於HIMAC的事。除了質子和電子以外，加速器還能為其他粒子加速嗎？

HIMAC是日本最大的醫療用加速器。它可以藉由粒子束破壞癌細胞，不過它用的不是質子或電子，而是碳離子。

首先各位要知道的是，隨著粒子種類的不同——由較重粒子所組成的粒子束，或由較輕粒子所組成的粒子束，對目標的破壞方式也不一樣（圖29）。

重粒子在粒子束抵達目標時，會一口氣釋放出能量而被擋下，就像是緊急煞車一樣。相對的，輕粒子的粒子束會一邊飛行一邊釋放出能量，然後才慢慢停下，就像是緩緩地煞車一樣。

HIMAC所使用的粒子束是由比質子與電子還要重很多的碳離子所組成。之所以要使用重粒子，就是因為它會在打到目標時緊急煞車，在局部一口氣釋放出大量能量以破壞癌細胞。如此一來就不會傷害到其他的健康細胞。

只要仔細調整粒子束的速度，就可以控制粒子束的飛行距離，讓重粒子的粒子束在剛好可打到癌細胞的位置停下來。

圖29＊如何破壞位於內臟深處的癌細胞呢？

使用輕粒子束

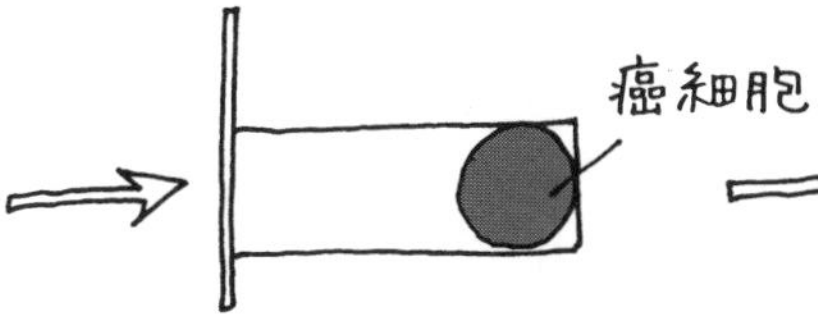

輕粒子束會一面前進
一面釋放出能量，
破壞行進途徑上的細胞。

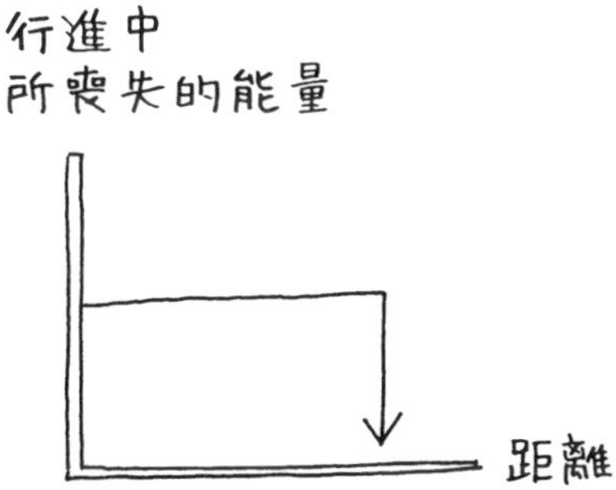

慢慢踩下煞車
逐漸停下。

使用重粒子束

重粒子束會在抵達目標時，
一口氣釋放出能量而被擋下。
行進途徑上的細胞所受傷害較小。

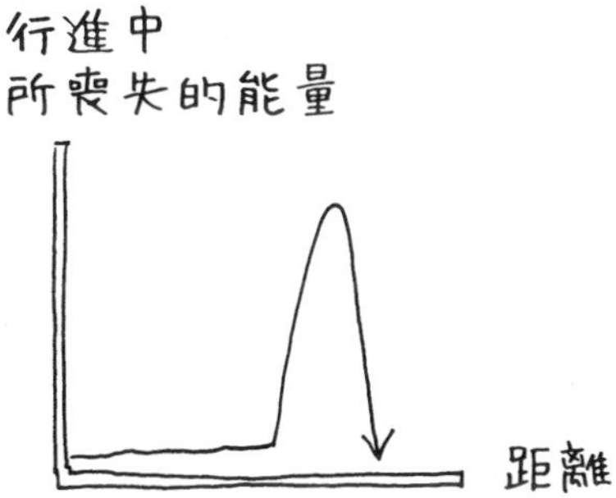

緊急煞車！

Q 怎麼用中子破壞癌細胞呢？

大概就像這樣（圖30）。

很大膽對吧？我親眼看過這個裝置，患者真的就躺在原子爐旁邊的一個房間內，讓頭部朝著爐心的方向。不禁讓人懷疑「這真的沒問題嗎？」（笑）。這東西就是這樣運作的。

這種物質叫做「硼」（圖30☞），是原子序為4的元素。硼對中子的吸收能力，遠比其他物質還要強。

硼在吸收中子之後，會分裂成氦與鋰。

這裡有個重點，那就是這時飛出來的氦會以帶有電荷的氦離子狀態飛出。當帶電粒子達到一定速度以上時，便會被稱作粒子束。故這時飛出的氦離子在某種程度上也算是一種離子束。

因為是離子束，所以在飛行途中若碰上其他細胞的話，便會不管三七二十一地破壞殆盡。但氦離子束很棒的地方就在於它飛不了多遠，大概只能飛行1個細胞大小的距離（微米等級）而已。

因此，若可以讓欲破壞之細胞——癌細胞攝入硼，再以中子射向這個區域，硼就

圖30＊用中子破壞癌細胞的方法

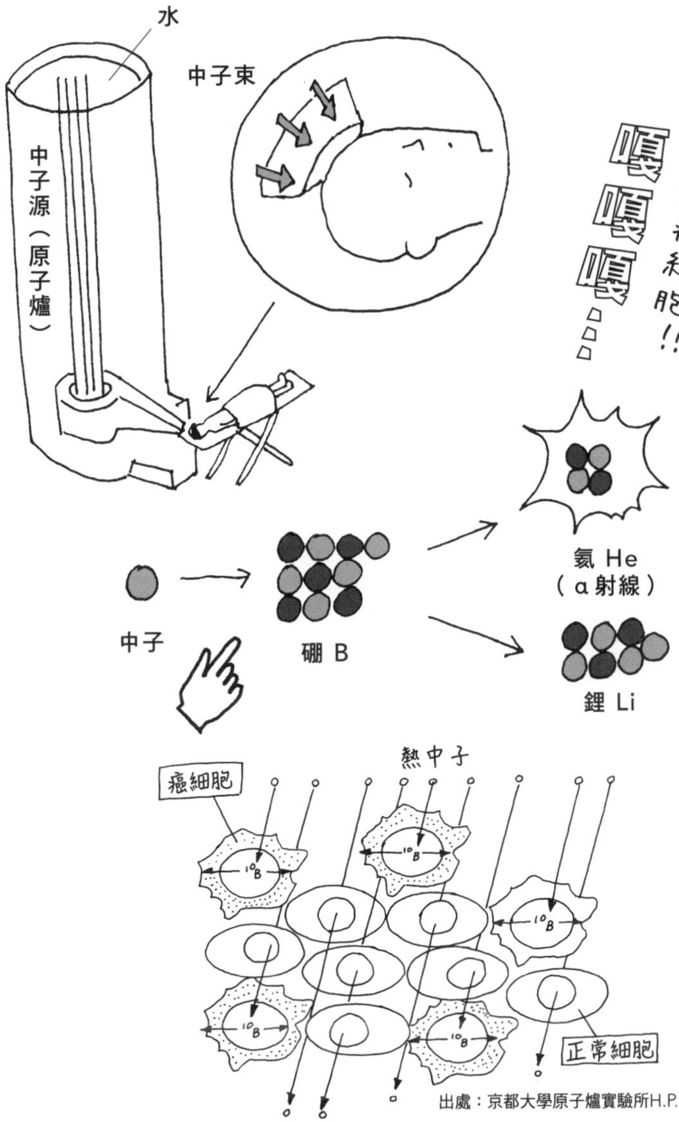

出處：京都大學原子爐實驗所H.P.

氦離子束的飛行距離大約只有1個細胞大小。
只要讓癌細胞攝入硼元素，
再以中子射向組織，
就能破壞癌細胞！（正常細胞不受影響）

會產生氦離子束，嘎嘎嘎地破壞掉癌細胞。由於離子束的有效破壞距離很短，所以不會影響到其他健康細胞。

那麼，該如何將這種技術應用在實際醫療上呢？

開發出含有硼元素，且只有癌細胞會吸收——其他正常細胞不會吸收的藥物，再讓癌症患者喝下這種藥物就可以了。或許你會想問「這種藥物做得出來嗎？」，確實做得出來喔。這種想法很厲害吧。

當然，這種方法也可以用在腦腫瘤以外的癌症治療上。

但腦腫瘤有一點與其他癌症不同，那就是以外科方式切除腦腫瘤是相當困難的事。要是像其他內臟的癌症一樣，把癌細胞連著正常的腦細胞一起切除的話，這個人恐怕就不是原來的他了。

雖然我們希望能夠把癌細胞一個個切除，但就算是怪醫黑傑克大概也辦不到這種事吧。所以科學家才開發出這種方法來治療腦腫瘤。

接著進入下一題。

Q 為什麼電子在急轉彎時會放出光線呢？

上一堂課中，說到和歌山毒咖哩事件時，有提到在操作SPring-8時，我們會讓電子急轉彎以產生放射線。為什麼急轉彎就會產生放射線呢?你想問的是這個吧。從結論來說,只要寫出電磁學方程式,啪一下解出答案就可以回答這個問題了。不過告訴學生「只要解方程式就好」,並不是這系列課程的目的,所以在這裡我想用比較直觀的方式說明。

首先,電子帶有電荷,而且是帶有負電荷。因此在電子的周圍有電磁場。電磁場與光可說是同樣的東西。光是粒子,也是波,在電磁學上會把光當成波來處理(基本粒子物理學中則會把光當作粒子=光子來處理)。

「周圍有電磁場」與「周圍有許多光」是一樣的意思。各位可以把電子想像成周圍有一堆光圍繞著。

電子就是在這種狀態下飛行的(圖31)。如果電子沒有加速也沒有減速,而是維持著一定速度等速直線運動的話,光會一直跟在電子周圍。

若是急轉彎的情況。因電子帶有電荷,會在磁場的影響下急轉彎,這時由於光不帶電,故會被拋下成為X光(放射線)。

用直觀的方式來說明大致上就是這樣。實際上要寫出一堆方程式,才能解出這樣的結果就是了。

圖31＊為什麼電子在急轉彎時會放出光線呢？

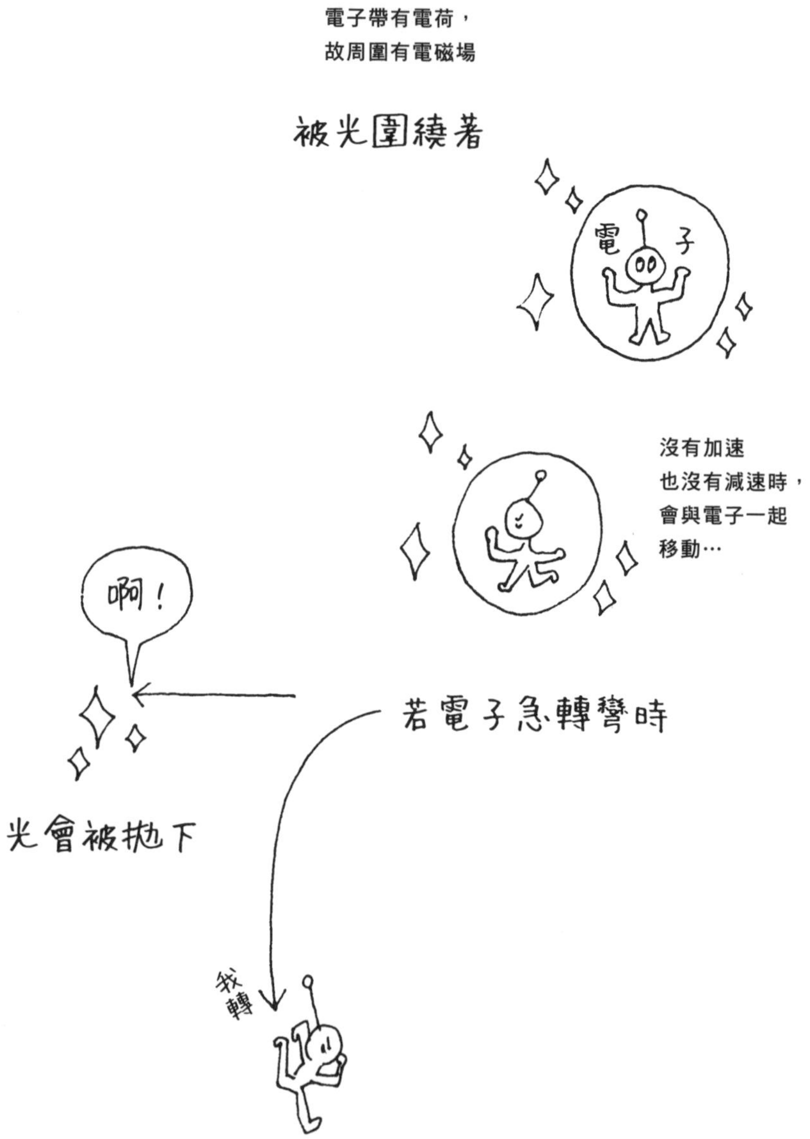
電子帶有電荷，
故周圍有電磁場
被光圍繞著
電子
沒有加速
也沒有減速時，
會與電子一起
移動…
啊！
若電子急轉彎時
光會被拋下
我轉

Q 電子1秒會繞原子核幾圈呢？

上一堂課中我們描述了波耳的古典模型，就讓我們用這個模型來計算看看吧。

假設最內側軌道的直徑是0.106奈米（nm），以此計算電子1秒繞原子核轉幾圈。一、二年級的學生可能還不曉得該怎麼計算，但三年級應該有學到等速圓周運動，應該會算這題才對。我先把運動方程式寫在這裡，等到你們三年級時請自己試著算算看吧（圖32）。如果手上有電子計算機的話，很快就算得出來了。計算結果顯示，電子每秒鐘居然可以跑2200公里，這距離真是太誇張了。

那麼1秒內可以繞這個狹小的軌道幾圈呢？除以軌道長度後，得到6600兆圈……真是相當誇張的數字呢。

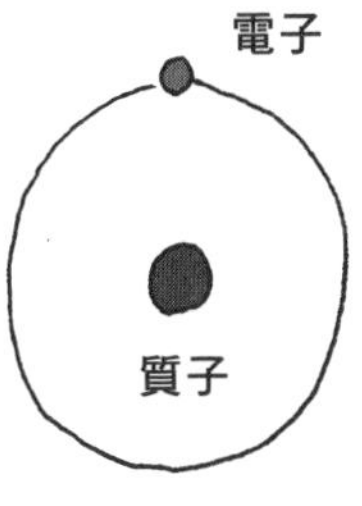

0.106 nm（奈米）

但若要問電子是不是真的在繞圈，卻也不是這麼回事。這是由波耳提出，較直觀的一個模型。事實上，原子內的電子比較像這個樣子（圖32☞）。

雖然原子內只有1個電子，但這個電子卻占滿了整個空間。用比較有深度的方式說明的話，會用到量子力學中所謂的「測不準原理」。若以剛才提到的

圖32＊電子1秒會繞原子核幾圈呢？

$$\frac{1}{4\pi\varepsilon_0}\cdot\frac{e^2}{r^2}=m\frac{v^2}{r}$$

以等速圓周運動的運動方程式來計算，
電子1秒可跑2200km！

設一周為0.106 nm × π，相除後，

2200km/sec÷（0.106nm×π）
=6,600,000,000,000,000Hz

可以繞
6600兆圈！！

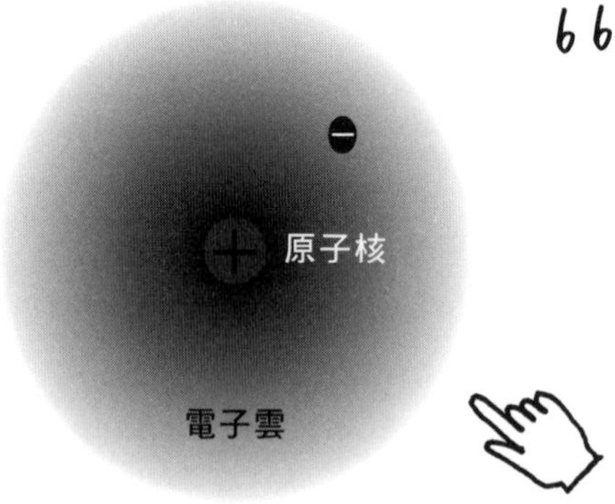

事實上，由於速度過快，
故無法確定其位置。
只看得到殘影……。

古典模型來描述，可以想成是「因為電子轉得太快了，所以只看得到殘影」。因為實在太快了，所以看不到電子「存在於某處」的瞬間。

再來是下一題。

Q 只用質子和中子就能製造出任何物質嗎？

可以的，可以製造出任何物質。上次上課中我們提到原子核就是由質子與中子組成的。

若原子核內只有1個質子的話就是氫（H）；有2個質子與2個中子的話就是氦（He）；有3個質子與4個中子的話就是鋰（Li）……大概就是這樣。隨著質子數的增加，會得到不同的物質（圖33☞）。

過去科學家們想出「原子論」時，也證明了「鍊金術是騙人的」這件事。所謂的鍊金術，是希望能藉由混合各種藥品，引起化學反應以製造出黃金的各種嘗試，當時常被用來詐欺。

這些鍊金術師會向掌權者或有錢人提議「只要你給我研究費，我就可以把水銀變成黃金喔」。

這當然是不可能實現的事情，他們只是在展示鍊金術時偷偷拿出預先藏起來的黃

圖33＊鍊金術可行嗎？

以國中所學到的化學知識是不可能的。
因為不同元素（物質）在週期表上的位置是固定的。

但在基本粒子物理學中就有可能辦到！

1 H 氫																	2 He 氦
3 Li 鋰	4 Be 鈹											5 B 硼	6 C 碳	7 N 氮	8 O 氧	9 F 氟	10 Ne 氖
11 Na 鈉	12 Mg 鎂											13 Al 鋁	14 Si 矽	15 P 磷	16 S 硫	17 Cl 氯	18 Ar 氬
19 K 鉀	20 Ca 鈣	21 Sc 鈧	22 Ti 鈦	23 V 釩	24 Cr 鉻	25 Mn 錳	26 Fe 鐵	27 Co 鈷	28 Ni 鎳	29 Cu 銅	30 Zn 鋅	31 Ga 鎵	32 Ge 鍺	33 As 砷	34 Se 硒	35 Br 溴	36 Kr 氪
37 Rb 銣	38 Sr 鍶	39 Y 釔	40 Zr 鋯	41 Nb 鈮	42 Mo 鉬	43 Tc 鎝	44 Ru 釕	45 Ru 銠	46 Pd 鈀	47 Ag 銀	48 Cd 鎘	49 In 銦	50 Sn 錫	51 Sb 銻	52 Te 碲	53 I 碘	54 Xe 氙
55 Cs 銫	56 Ba 鋇	57 La 鑭	72 Hf 鉿	73 Ta 鉭	74 W 鎢	75 Re 錸	76 Os 鋨	77 Ir 銥	78 Pt 鉑	79 Au 金	80 Hg 汞	81 Ti 鉈	82 Pb 鉛	83 Bi 鉍	84 Po 釙	85 At 砈	86 Rn 氡
87 Fr 鍅	88 Ra 鐳	89 Ac 錒															

58 Ce 鈰	59 Pr 鐠	60 Nd 釹	61 Pm 鉕	62 Sm 釤	63 Eu 銪	64 Gd 釓	65 Tb 鋱	66 Dy 鏑	67 Ho 鈥	68 Er 鉺	69 Tm 銩	70 Yb 鐿	71 Lu 鎦
90 Th 釷	91 Pa 鏷	92 U 鈾	93 Np 錼	94 Pu 鈽	95 Am 鋂	96 Cm 鋦	97 Bk 鉳	98 Cf 鉲	99 Es 鑀	100 Fm 鐨	101 Md 鍆	102 No 鍩	103 Lr 鐒
104 Rf 鑪	105 Db 𨧀	106 Sg 𨭎	107 Bh 𨨏	108 Hs 𨭆	109 Mt 䥑	110 Ds 鐽	111 Rg 錀	112 Cn 鎶	113 Uut（未發現）	114 Fl 鈇	115 Uup（未發現）	116 Lv 鉝	117 Uu（未發現）

※2016年新增了4種人工合成元素，分別是：原子序113的鉨（Nihonium，Nh）、原子序115的鏌（Moscovium，Mc）、原子序117的鿬（Tennessine，Ts）及原子序118的鿫（Oganesson，Og）。

原子序92

天然元素只到鈾。
之後的元素皆為人工製造的原子。

只要能改變元素的原子核（質子與中子的數目）就行了。

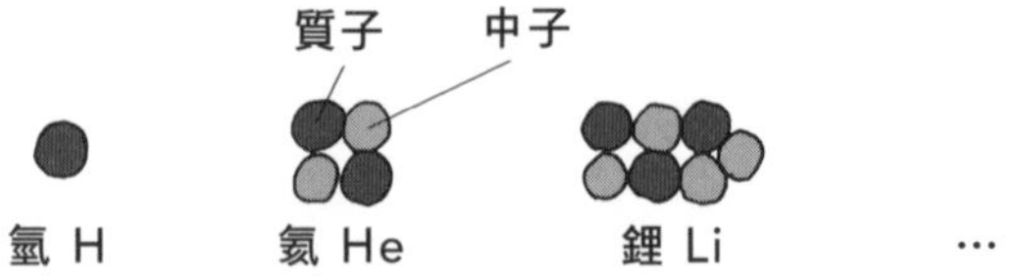

但要製造1g黃金，成本是黃金市場價格的數百倍。完全沒意義……。

金，再說出「你看，變成黃金囉。如果想要製造大量黃金的話，就給我多一點錢讓我做研究吧……」之類的話，騙取那些有錢人的錢。

各位在國中的化學課應該也有學過，要把其他非黃金的東西變成黃金是不可能的事。「因為組成元素根本不同，所以用化學方法絕對不可能把水銀變成黃金」，這就是原子論。

不過在這之後，人們發現「原子其實是由質子、中子等粒子所組成的」，所以只要改變這些粒子的排列組合，就可以將一種元素轉變成完全不同的另一種元素——也就是說，鍊金術的實現並非完全不可能。

但是，我們沒辦法用化學方法（化學反應）達成。因此這不是化學世界的研究課題，而是物理世界的研究課題。

而且，破壞原子核再重建需要很高的成本。要製造1公克的黃金，需花費以市價換算大概是幾十倍或幾百倍金額才做得出來。既然如此乾脆直接跟瑞士信貸買黃金還比較快不是嗎（笑）。

由週期表可看出，目前已知的原子種類有117個（註2），我記得在我小的時候大概只有103個左右。自然界中存在的元素只有到原子序92的鈾而已，在這之

註2：此為2011年的情形。2018年已確認並命名的元素已有118種。

後的元素皆為人工製造出來的。在確認新元素確實存在以前，會以「Ununbium」、「Ununquadium」、「Ununhexium」之類的暫時命名，雖然這看起來不太像認真取的名字（笑）。

不過人工製造出來的原子也只有鈽（94）和鋂（95）這兩種比較穩定，其他原子在剛被製造出來的時候就馬上衰變了，沒辦法穩定存在。然而，即使只有一瞬間，人們還是成功把它們做出來了。

Q 為什麼我們可以測出質子和中子的質量是多少呢？

這個嘛，確實我們不可能把質子和中子拿去磅秤上秤重。總之，先來一覽各種基本粒子的質量吧（圖34）。

若用公斤（kg）表示的話，數字會變得很小而難以閱讀，所以這裡就改用電子伏特（eV）來表示吧。

在基本粒子的世界中，能量與質量的單位是一樣的喔。1百萬電子伏特（MeV）＝1.78×10^{-30}公斤。把各種基本粒子放在一起比較，應該可以讓各位對它們的質量比較有概念吧。

質子為938MeV、中子為940MeV。感覺數字還滿精準的，那麼這又是怎麼

圖34＊基本粒子（重子與介子）的質量

1MeV＝1.78×10^{-30}kg
（單位為百萬電子伏特）

重子

質子	938MeV
中子	940MeV
Λ粒子	1120MeV
Σ^+粒子	1190MeV
Σ^0粒子	1190MeV
Σ^-粒子	1200MeV
Ξ^0粒子	1310MeV
Ξ^-粒子	1320MeV
Ω^-粒子	1670MeV

介子

π^+介子	140MeV
π^0介子	135MeV
π^-介子	140MeV
η介子	547MeV
K^+介子	494MeV

圖35＊如何求出質子與中子的質量呢？

質量、動量、能量之間的關係

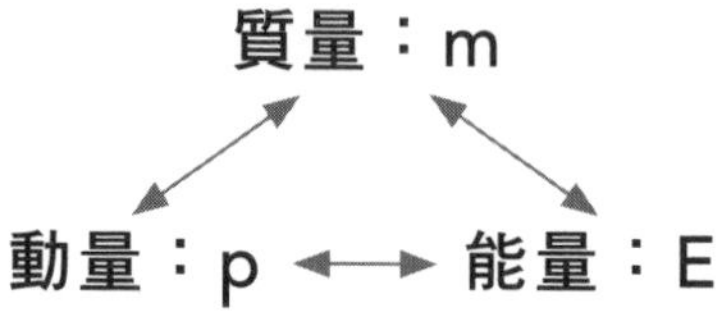

$$E^2=p^2c^2+m^2c^4$$

c是光速

質量、動量、速度之間的關係

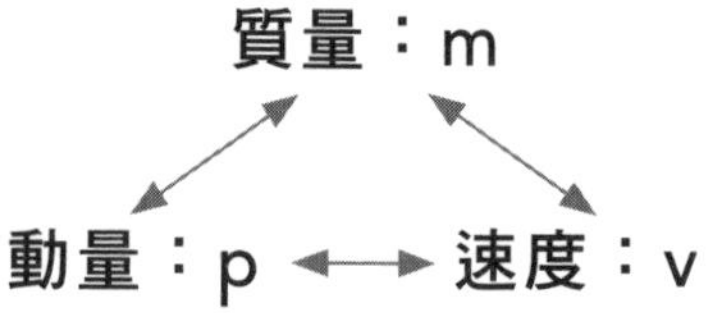

$$p=\frac{mv}{\sqrt{1-\left(\frac{v}{c}\right)^2}}$$

只要知道其他兩者的數值就能求出質量了！

測量出來的呢？

由這個方程式（圖35☞）我們可以看出，質量、動量、能量彼此間的關係。另外，質量、動量、速度之間也有一套關係，故只要知道3項中的2項，就可以藉由公式計算出另一項是多少。

質量的測量是三者中最難的，所以一般會測量動量與速度。

接下來你一定會問，那麼該如何測量動量呢？就是這樣測（圖36-❶）。帶電粒子——也就是帶有電荷的粒子在經過磁場時會轉彎，還記得嗎？

首先，我們會測量粒子在轉彎時的旋轉半徑。知道旋轉半徑之後，再加上已知的「磁場強度」、「粒子電荷大小」，就可以計算出粒子的動量。

接著是速度的測量方式，這個就很簡單了，只要讓粒子在直線上飛行就可以了。在一個固定距離的兩端分別放置一個計數器，再讓粒子通過這段距離就可以算出速度了。

帶電粒子的質量可以用這種方式計算出來。

問題就在於不帶電的粒子。中子不帶電，所以無法用上述方式求出其質量。因此會用另外一種方法，第一個使用這種方法的是叫做查兌克的學者（圖36-❷）。

他用的是一種名為氘的東西，氘（Deuterium）又被稱作重水。若以γ射線打向氘原子核，便可使其分裂為質子與中子。

圖36＊動量的求算方法

❶帶電粒子（電子與質子）的動量

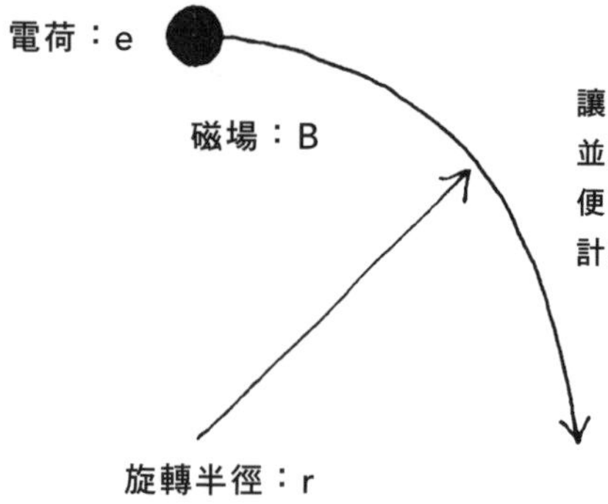

讓帶電粒子經過磁場使之轉彎，
並測量其旋轉半徑，
便可由以下的公式
計算出「動量」。

$$p=eBr$$

❷不帶電粒子（中子）的動量

準備γ射線與氘原子核。

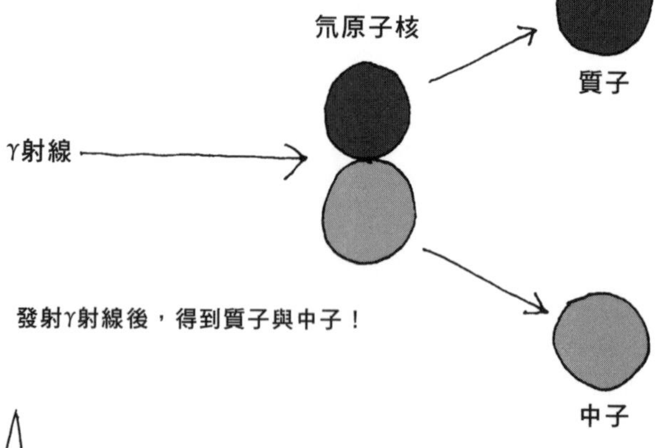

將γ射線與質子的動量、能量等已知數據代入方程式，
一個個算出未知資訊，就能得到中子的動量！

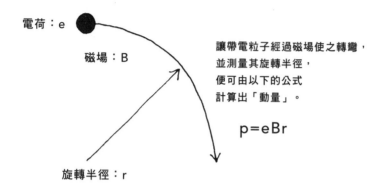

在氘原子核分裂後，由於質子帶有電荷，所以可用剛才的方法求算出其動量。

另一方面，我們已知γ射線動量與能量是多少，接著只要把質子與γ射線的數據代入公式，藉由動量守恆定律或能量守恆定律，就可以知道中子的動量與能量是多少。

科學家們就是像這樣，由已知資訊照順序一步步地計算出其他未知資訊。

Q 為什麼在基本粒子的世界中，15分鐘是很長的一段時間呢？

時間規模與空間規模互成比例。在宇宙那麼大的尺度下，1億年只是很短的一段時間。相較之下，在基本粒子的尺度下，幾分鐘就已經非常長了。

以下列出各個基本粒子的壽命（圖37）。

中子的壽命是887秒，大約是15分鐘左右，不過其他粒子則幾乎都是0.00000……秒對吧。

為了強調有很多0，我故意用秒來表示。應該可以看出中子和其他粒子的時間尺度完全不同吧？中子的壽命確實比其他粒子長很多。

另一方面，質子和電子的壽命則是長得不可思議。事實上，質子和電子直到現在都還沒被測定出來，從來沒有人曾經看過這2種粒子自然衰變。

質子與電子是構成各位身體的重要粒子，要是那麼容易被破壞的話，各位每天早

圖37＊基本粒子的壽命

重子

質子	大於宇宙年齡
中子	887秒
Λ粒子	0.000000000263秒
Σ^+粒子	0.0000000000799秒
Σ^0粒子	0.0000000000000000000074秒
Σ^-粒子	0.000000000148秒
Ξ^0粒子	0.000000000290秒
Ξ^-粒子	0.000000000164秒
Ω^-粒子	0.000000000822秒

介子

π^+介子	0.0000000260秒
π^0介子	0.000000000000000084秒
π^-介子	0.0000000260秒
η 介子	0.000000000000000000025秒
K^+介子	0.0000000124秒

輕子

電子	大於宇宙年齡
緲子	0.00000220秒
陶子	0.000000000000290秒

中子的壽命在
基本粒子的世界中
算是相當的長

質子和電子
倒是太長了一點

上起來時就會發現原本的自己消失了，這樣事情就大條了。由此可知，這2種粒子沒那麼容易被破壞。

因此，除了不會輕易被破壞的質子與電子以外，中子的壽命相對來說是很長的。

Q 電漿與基本粒子有什麼關係嗎？

各位知道什麼是電漿嗎？電漿就是將氣體離子化後（使其帶電）的產物。自然界的極光就是個著名的例子，也是最美麗的電漿。極光是大氣內的分子被離子化後所產生的現象。

另外，閃電也是一種電漿。電離後的電子與陽離子在空氣中迅速移動，這就是閃電的真面目。

以人工方式製造電漿並不困難。在各位的身邊，或者說各位頭上的日光燈就是一個例子。上一次上課中有提到，我們可以用電流為燈絲加熱，使之釋放出電子。日光燈的原理就是這個現象的應用（圖38☜）。

塗有螢光塗料的玻璃管內裝有燈絲。玻璃管內並非真空，而是填入了某些氣體（如汞蒸氣等）。以電流加熱燈絲時，電子就會紛紛飛出，擊向氣體原子，而在電子撞擊到原子時會釋放出紫外線。之前也有介紹過，原子內的電子會先被打到上面一層的軌道，然

圖38＊電漿是什麼呢？

離子化的氣體

天然電漿

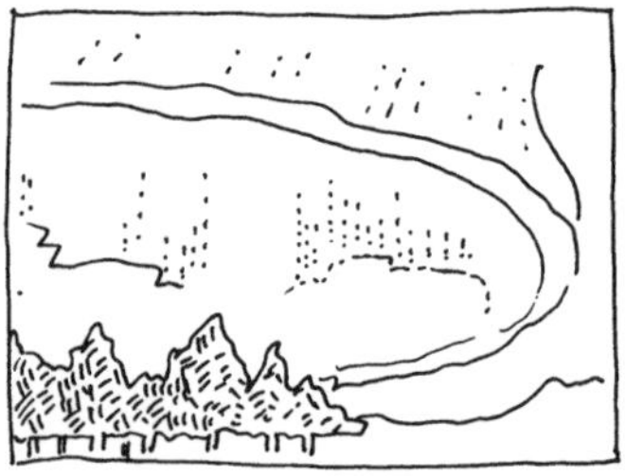

極光

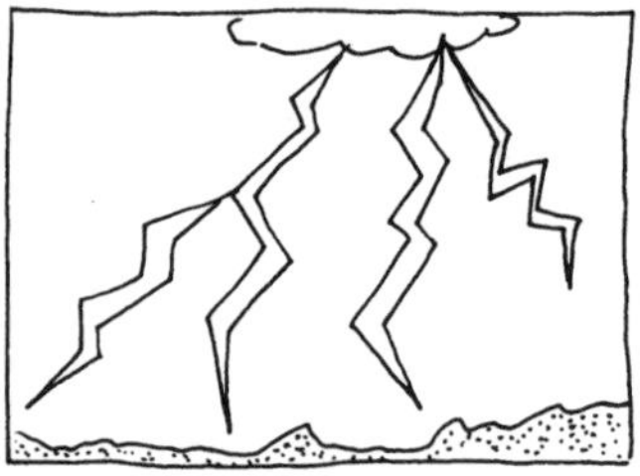

閃電

人造電漿

日光燈的原理

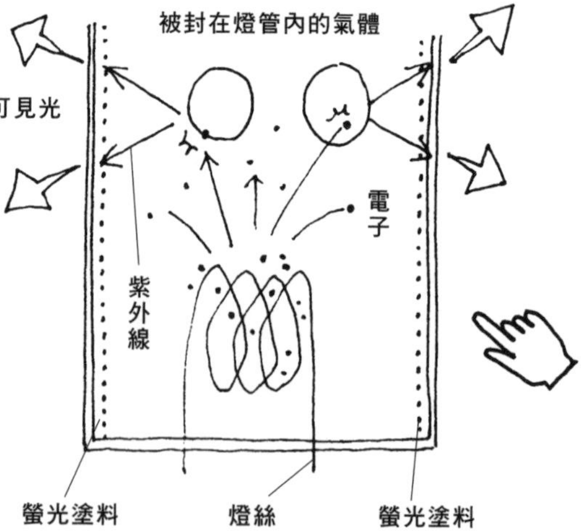

電漿電視的螢幕上
有很多日光燈

後於回到原先軌道的過程中，釋放出光。

水銀原子被電子打到，釋放出紫外線後，螢光塗料被這些紫外線照射到，會再釋放出可見光。這就是日光燈發光的原理。

在日曬沙龍所使用的黑光燈則是表面沒有螢光塗層，會直接射出紫外線的燈管。因為紫外線不是可見光，所以我們看不到黑光燈所發出的光，但黑光燈確實有持續釋放出紫外線。

電漿電視也是日光燈發光原理的應用。若你離電視近一點，可觀察到電視畫面是由許多很小的像素所組成的。各位可以把電漿電視螢幕上的每一個像素，都想像成一個小小的日光燈，而且是有顏色的日光燈。螢幕上有許多「紅」、「藍」、「綠」的小小日光燈排列著，這些日光燈會依照畫面的需求點亮或熄滅。

另外，人造電漿的用途還包括用來切割鐵板的電漿炬，我們將在下一個問題中說明這是什麼。

Q 《鋼彈》裡的粒子束刀或《星際大戰》裡的光劍做得出來嗎？做得出來的話，又是用什麼原理做出來的呢？

是用什麼原理做出來的呢？我也想知道耶（笑）。

假設這2種東西的運作機制與它們的名稱相符好了。換句話說，粒子束刀真的是用粒子做成的；光劍真的是用光，也就是雷射之類的東西做出來的。各位曉得粒子束與雷射之間的差別嗎？常有人把兩者混著用，基本上來說，

粒子束	**飛行的粒子**
雷射	**飛行的光**

這就是兩者的差別。所謂的雷射（LASER），是Light Amplification by Stimulated Emission of Radiation的縮寫，直譯的話就是「將輻射所激發出來的光增幅後的光線」。雷射再怎麼說仍是激發出來的「光」。另一方面，粒子束則是由加速器之類的東西所射出來的粒子。

如果是粒子或光，就不會像刀子一樣被限縮在一定長度內，而是會直直地往前飛出。

從維基百科上的資料看來，鋼彈的粒子束刀似乎是由一種被稱做I力場的磁場限制住粒子的運動範圍。如果是這樣，周圍必須有磁鐵之類的東西才能做到這點，不過要是周圍有磁鐵的話就沒辦法切東西了吧。同樣的，只要有某個能將光線限制在某個空間內的裝置，就能製作出光劍了。

所以，我們做得出來的粒子束刀和光劍其實沒什麼用。

不過呢，如果不執著於「粒子束」或「光劍」之類的名稱，確實是有類似的東西喔。那就是我們剛才有提到的利用電漿的電漿炬。

由照片可以看得出來，電漿炬的長度確實是有限的。因為氣體在電離之後會擴散，故長度有其限制。這個東西看起來還滿有感覺的對吧。而且目前最強的電漿炬，其輸出功率可達數百千瓦。粒子束刀的輸出大概也是數百千瓦，所以電漿炬應該是與鋼彈內的粒子束刀最相似的東西。

再來就進入今天課程的主題吧。

渡邊隆行提供

東西被破壞時會產生微中子

我們在第一次上課時已介紹過要如何用加速器製造出微中子。而上次課程光是介紹物質的組成就要下課了，這些還只是預備知識而已喔（笑）。

今天的課程則會以這些預備知識為基礎，說明如何探測微中子，以及在探測過程中可以

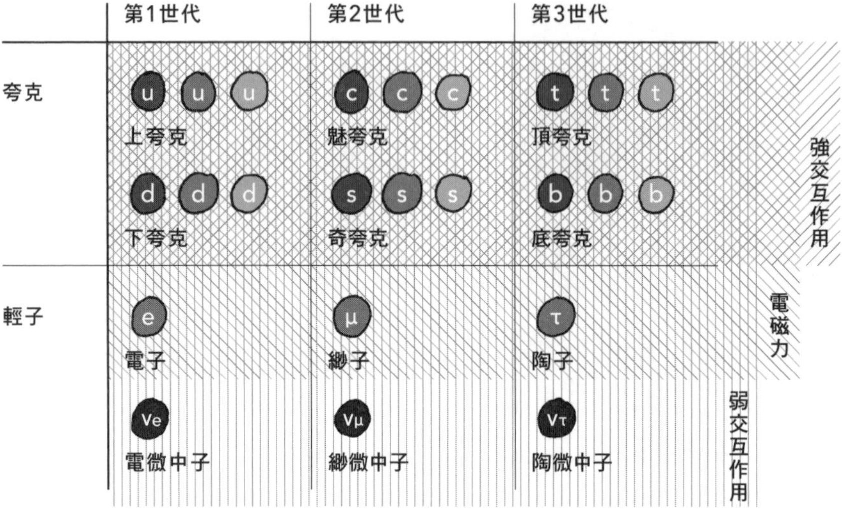

了解到微中子的哪些特性。

上次上課的最後，我給各位看了上面這張圖。

將世界上的任一種物質切割到沒辦法再切割時，就會得到這張表中的粒子。舉例來說，質子就是由2個上夸克與1個下夸克所組成的——上次我們講到這裡。

其中，微中子比較特殊，它不受強交互作用的影響，因為不帶電，所以也不受電磁力的影響。會影響到它的只有弱交互作用與重力，是一個非常特殊的粒子。接著就要來說明微中子究竟有多特殊。

我們上次上課也有看到這個圖對吧（圖39）。

我們曾提到，包立預言在中子衰變時「會有種粒子帶著能量離開」，且26年後科學家們證實了這個粒子的存在。

圖39＊微中子的發現（複習）

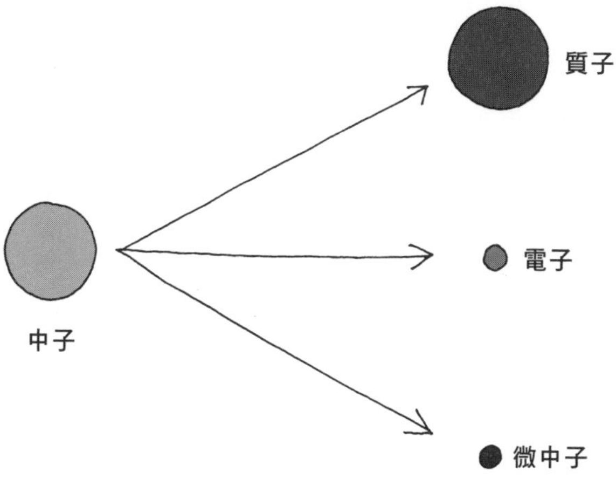

一定存在著某種我們
還沒發現的粒子（微中子），
把這些能量帶走了

但這種粒子
可沒那麼容易發現喔

沃夫岡・包立
（Wolfgang Pauli）

當物體被破壞時，
一定會產生微中子

由此可知，世界上許多東西都含有微中子。既然「中子內含有微中子」，就表示所有的原子內都含有微中子。

由於微中子存在於所有粒子內，所以當粒子被破壞時就會紛紛飛出。各位可以把微中子當成是「物體被破壞時會飛出來的東西」。

為什麼當我們暴露在微中子射線下時一點感覺都沒有呢？

請看這裡的太陽（圖40）。

太陽目前正在熊熊燃燒著。這裡所謂的「燃燒」其實是一種物理上的反應，而且這種反應會釋出大量微中子。

太陽會燃燒質子（氫原子核）產生氦原子核。這裡可以把氦當作燃燒後的灰燼（雖然是灰燼，但其實還可以再燃燒一次）。在將質子燒成氦原子核的時候，也會產生一些副產品，包括「正電子」——這是下一次上課時會提到的反物質的一種——以及「電微中子」等。這些副產品會在燃燒過程中紛紛飛出。

因此，在太陽發光的同時，也會有許多微中子一起射出。地球上除了可以照到太陽光，也會有數不清的微中子紛紛落下。

各位曉得落在地球上的太陽光有多強嗎？平均每1平方公尺有1.37千瓦（kW）。把這

圖40＊從太陽傳遞至地球的光與微中子大概有多強烈呢？

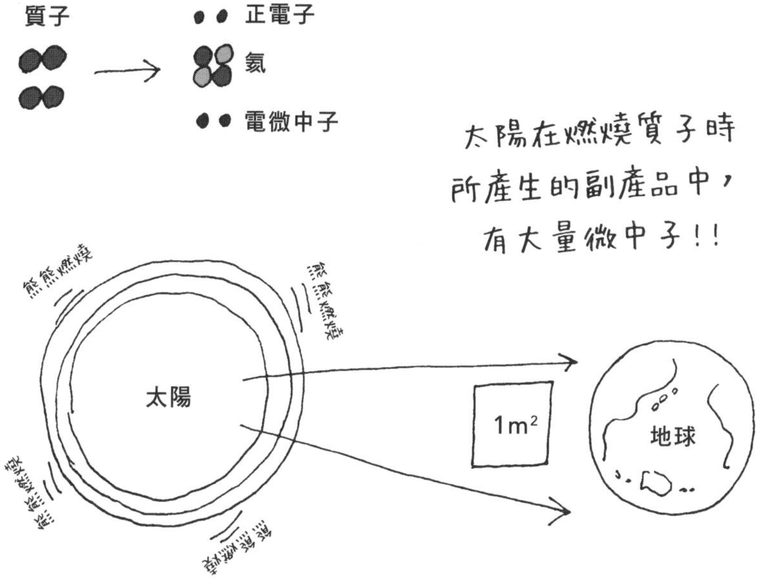
質子
正電子
氦
電微中子
太陽在燃燒質子時所產生的副產品中，有大量微中子!!
熊熊燃燒
熊熊燃燒
熊熊燃燒
熊熊燃燒
太陽
1m²
地球

落在地球表面的照射量（1㎡／每秒）

光（光子）	1,000,000,000,000,000,000,000個（＝1.37kW）
電微中子	600,000,000,000,000個

和光比起來少很多，
卻也是個不小的數字！

每秒600兆個
今天的微中子好像有點強耶～

明明感受得到「沐浴在陽光下」，
卻感受不到「沐浴在微中子下」，
為什麼呢？

個數字背下來的話很有用喔，在提到環保的話題時可以拿出來講。如果單位不用瓦特（W），改以光子個數來表示的話，就會是

1,000,000,000,000,000,000,000個光子

這麼多個光子，1後面有21個0。比「兆」還要多，連我都不曉得該怎麼唸出這個數字。至於微中子則有

600,000,000,000,000個電微中子

1平方公尺有600兆個微中子打過來，這數量也很誇張不是嗎？

順帶一提，各位身體的表面積約為2平方公尺。人類的外形是扁平狀分前後兩面，如果面向太陽仰躺下來，則大約有1平方公尺的體表會正對太陽。因此身體所接受的微中子數目正好與上述數字相同，也就是說——人類的身體沐浴在每秒600兆個微中子之雨中。

如果是被太陽光照到的話，會有曬太陽的感覺；但沐浴在微中子之雨中時，好像不會有什麼特別的感覺吧？

「啊——今天天氣真好，微中子好像有點強耶～」應該沒有人聽過這種話吧。這是為什麼呢？為什麼明明大家都身在為微中子之雨中，卻一點也沒有被微中子打到的感覺呢？接下來我們將會慢慢回答這個問題。

宇宙中到處都是光和微中子

在討論微中子的性質以前，我想先來談談這個話題。

就像之前所提到的，微中子存在於世界上的各個角落。事實上，宇宙中也有大量的微中子。

這張圖顯示了宇宙空間的平均密度（圖41）。假設我們將全宇宙內所有星星全部打碎，使宇宙成為均質狀態，再從中取出1立方公尺，那麼這1立方公尺內會有哪些物質呢？

裡面會有10億個光子。與先前提到的「地球表面的太陽光照射量」相比少了很多，是我們比較可以理解的數字，但這數字仍相當大。

不過這1立方公尺內只有各1個的質子與電子，事實上應該是1個以下才對，總之就是非常少。

宇宙空間中幾乎不存在任何物質，空蕩蕩的什麼都沒有，對我們來說應該是個難

圖41＊宇宙的粒子密度

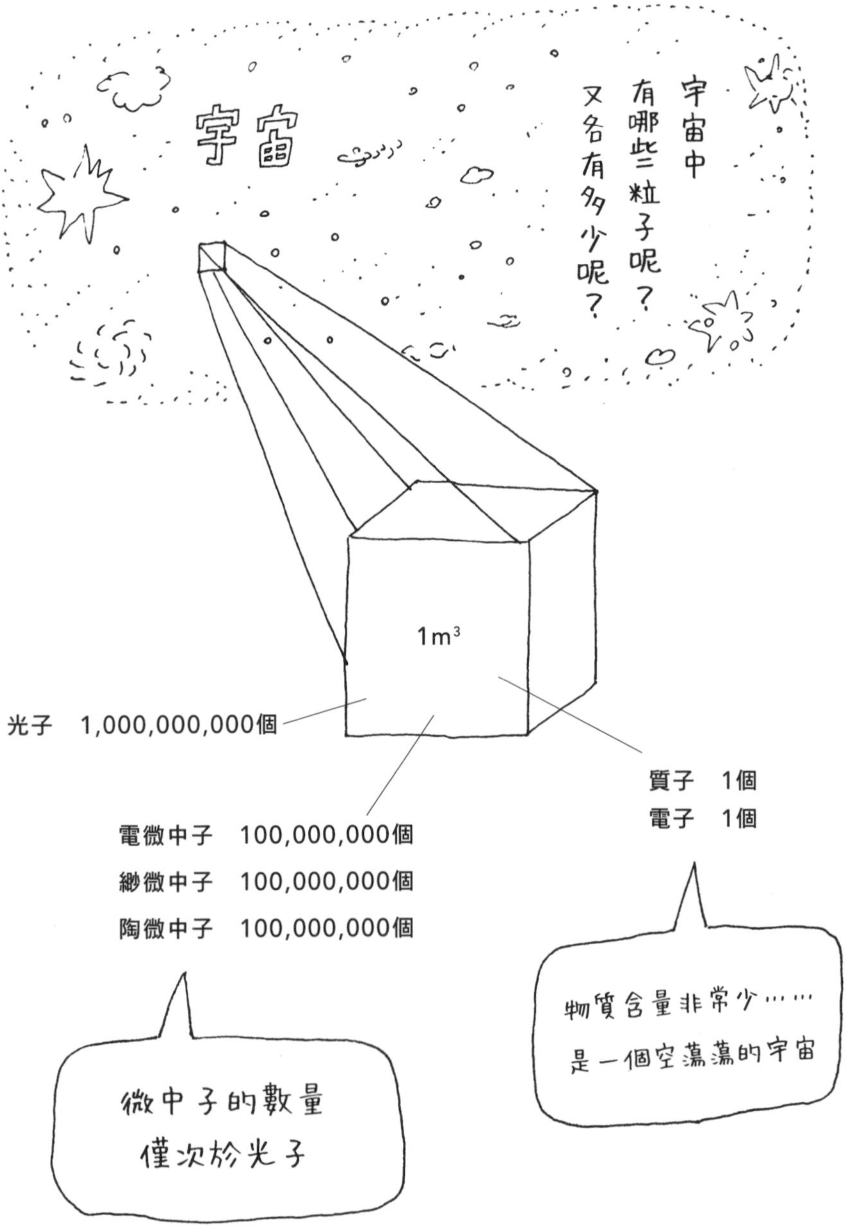
宇宙
宇宙中有哪些粒子呢？又各有多少呢？
1m³
光子　1,000,000,000個
質子　1個
電子　1個
電微中子　100,000,000個
緲微中子　100,000,000個
陶微中子　100,000,000個
物質含量非常少……
是一個空蕩蕩的宇宙
微中子的數量僅次於光子

以理解的空間吧……。

那麼微中子又有多少個呢？3種微中子各有1億個，總和大約是光子的3分之1——這數字還算大吧？

事實上，微中子是這個世界上數量僅次於光子的粒子。

明明微中子的含量那麼多，為什麼我們卻感覺不到呢？

不只感覺不到自己沐浴在微中子之雨中，也沒有人製造出任何能利用微中子的「微中子產品」。

利用電子運作的電器產品到處都是，卻沒有任何一種產品是藉由微中子運作的。微中子的數量明明是電子的1億倍，為什麼不設法善加利用呢？

Neutrino（微中子）並不是New-torino，而是Neutr-ino

先從微中子的名字開始講起吧。或許很多人以為neutrino是new-torino，也就是「新的torino」的意思。畢竟杜林（Torino）舉辦過冬季奧運，也不能怪大家會聯想到這個城市，雖然這是錯的。這樣拆字並不正確，應該拆成neutr-ino才對，這其實是義大利語。

「neutr」這個字根源自neutral。開車時打空檔，使齒輪分離的狀態也叫做

neutral，有「中性」的意思，這裡則是代表該粒子不帶電。「ino」是義大利語中代表「微小的」的後綴。「○○○-ino」就是指「微小的○○○」。

因為替這個粒子命名的恩里科・費米就是義大利人，所以使用的是義大利語。在墨索里尼上台執政時，費米從義大利逃到了美國，並協助開發鈽原子彈的這件事也相當有名。

事實上，光從微中子這個名字，就幾乎可看出它所擁有的性質。

微中子的性質

> **1 電中性**
> **2 非常小（非常輕）**
> **3 反應性極低**

不帶＋電也不帶－電，又小到不行。究竟有多小呢？讓我們來看看它的質量是多少。

這張表列出了夸克與輕子的質量（圖42）。如果我們有辦法把質子和中子打碎，測量夸克的質量的話……應該可以得到這些結果。剛才給各位看的（P143圖34）是重子和介

圖42＊基本粒子（夸克與輕子）的質量

1 MeV=1.78×10^{-30}kg

夸克

上	1.7～3.3MeV
下	4.1～5.8MeV
魅	1270MeV
奇	101MeV
頂	172000MeV
底	4190MeV

輕子

電子	0.511MeV
緲子	106MeV
陶子	1780MeV
電微中子	0.0000022MeV以下
緲微中子	0.17MeV以下
陶微中子	15.5MeV以下

子的質量，而這張表則是在其下一層之粒子的質量。

由這張表可以看出，夸克的質量可達數MeV，可說是非常巨大的粒子。另一方面，微中子（電微中子）的質量卻在0.000022MeV以下。

這裡會寫「以下」，是因為還沒有準確測定出來它的質量是多少，但理論上它的質量不應大於這個數值，故僅以此數值做為其質量的上限值，實際上的質量應比這個數值還小。

緲微中子與陶微中子的質量都比電微中子還要大。目前科學界還不曉得為什麼會這樣。另外，隨著「世代」的增加，夸克質量也會增加，原因一樣不明。

事實上，在我還是大學生的時候，物理的教科書甚至還寫著「微中子沒有質量」。因為就算在實驗時不把微中子的質量計算在內，也不會影響到結果。微中子就是那麼小。

那麼來回答上次收到的這個問題吧。

Q 微中子比電子還要小嗎？

如果是問大小的話，我只能回答目前已知這2種粒子的大小上限是多少，卻無法確定其實際上有多大。不過如果是問質量的話，我可以很明白地說，電子的質量遠比微中子大上許多。電子的質量是0.5MeV（百萬電子伏特），然而電微中子的質量卻在0.000002MeV以下。微中子明顯輕了許多。

難以想像的「捕獲難度」

微中子的第3個性質是「反應性極低」。微中子不受強交互作用與電磁力的影響，能對它產生影響的只有弱交互作用與重力。但正如我們前面所提到的，微中子的質量非常小，所以也可以忽略重力對它的影響。

為了讓各位理解微中子的反應性有多低，請各位想像以下這個例子。

我們在前面曾提過，地球上平均1平方公尺每秒可接收到600兆個來自太陽的微中子。像這樣嘩啦嘩啦落在地球上的微中子，打到地球的機率——也就是在穿過地球的過程中，打中地球岩石的機率是多少呢？

假設地球是顆巨大的岩石，直徑有1萬3000公里，平均密度為5.5 g/cm³，是顆既巨大又緻密的岩石。從一般角度來思考，當一大堆微中子飛向地球時，應該百分之百會被地表岩石哐噹哐噹地彈飛才對。但事實上，微中子在穿過地球的過程中，撞到岩石的機率卻只有

0.000000002%

換句話說，幾乎所有微中子都會毫無阻礙地穿過地球。大約50億個微中子中，只會有1個微中子打到地球上的岩石，其他全部直接穿過地球。很難以想像對吧？這真是個反應性低到不行的粒子。這就是微中子的特徵。對於微中子來說，地球就像個空蕩蕩的物體。

之前提到，明明各位的身體一直沐浴在微中子之雨中，卻完全感覺不到微中子的存在，就是這個原因。因為連地球都感覺不到微中子的存在。每50億個微中子只會有1個打到地球，就更不用說比地球小許多的人體了。真要說的話，各位的一生中，大概只會被幾個微中子打到而已。

無法像製造電器產品般製造出微中子產品的原因

也因為這樣，我們周遭並沒有任何利用微中子運作的產品。由於微中子的反應性太低，沒有人會想去研究，也沒有人知道它們有什麼性質。

前面曾提到，在我還是大學生的時候，教科書上寫的是微中子「沒有質量」。不過，在進入21世紀後，科學家們確認了微中子「似乎有質量」。科學家們研究的並不是微中子「質量是多少？」而是「有沒有質量？」，因為當時他們連微中子有沒有質量都不確定。

我們周圍明明有那麼多微中子，宇宙內也有很多微中子，我們卻沒辦法利用它們，任其自然穿過你我身邊。

原子爐也會產生很多微中子喔。原子爐產生的能量中，最多的並不是熱能，而是微中子。但我們不曉得該怎麼使用這些能量，只能任其飛散消失。那我們是不是該著手研究它的性質，並思考如何利用它們呢?這就是我們的研究。

不過，要怎麼研究微中子呢？

利用弱交互作用看到微中子

我們沒辦法用強交互作用或電磁力來研究微中子。一般來說，要研究某個東西時，通常會先用光（＝電磁力）來「看到」這個東西，但在研究微中子的時候卻沒辦法採用這種方式。我們能用的只有弱交互作用與重力。但就如同我剛才所說的，微中子的質量非常小，所以重力對它幾乎沒影響。既然如此，就只能用弱交互作用來研究微中子了。

弱交互作用到底是什麼樣的力呢？回想一下我們上次上課的內容，就是讓粒子衰變、裂解的力對吧？弱交互作用是破壞粒子的力，換句話說，我們沒辦法直接看到微中子，只能觀測到微中子破壞其他東西的過程。也許你會想問「究竟是怎麼回事呢？」，微中子會利用弱交互作用來破壞其他東西嗎？不是這樣的，弱交互作用是種很難用簡單的方式描述的力，它並不是「藉由施力來破壞物體」，而是「形成能使物體崩壞的狀況」。

是什麼物體會崩壞呢？崩壞的物體其實是中子，而且是存在於某個原子的原子核內的中子。這些中子會與質子以強交互作用結合在一起，而我們則以微中子打向這些中子。

就像剛才所說的，幾乎所有微中子會直接通過而不發生反應。就連地球那麼大的岩塊，都只能攔截到50億分之1的微中子，因此要讓微中子剛好打到中子幾乎是不可能的事，但確實有極低的機率可以讓兩者撞在一起。

兩者相撞後，在弱交互作用的影響下，中子會被破壞（就像放置15分鐘後自然衰變一樣），分裂成質子與電子。現在聽可能會覺得一頭霧水，不過下次上課時還會提到這個現象，所以現在只要暫時接受這種說法就可以了。

再來要講的是今天的重點，還記得微中子有3種嗎？事實上，當我們用不同的微中子打向中子時，飛出來的粒子種類也會不一樣喔。

當電微中子撞擊中子時，中子會釋放出電子；當緲微中子撞擊中子時，中子會釋放出緲子；當陶微中子撞擊中子時，中子會釋放出陶子。如這張表（圖43☞）所示，中子被不同微中子撞擊時，會釋放出對應的粒子。

為什麼可以飛得比光速還快？

中子被撞擊後會釋放出電子、緲子，或是陶子。幸運的是，這時我們可以偵測到電磁力（表中可看出3種粒子都會受電磁力影響）。用這種方法，我們就可以測定出微中子的存在。

也就是說，雖然沒辦法直接看到微中子，但是藉由微中子所引起的反應，產生與

圖43＊當微中子撞擊中子時……

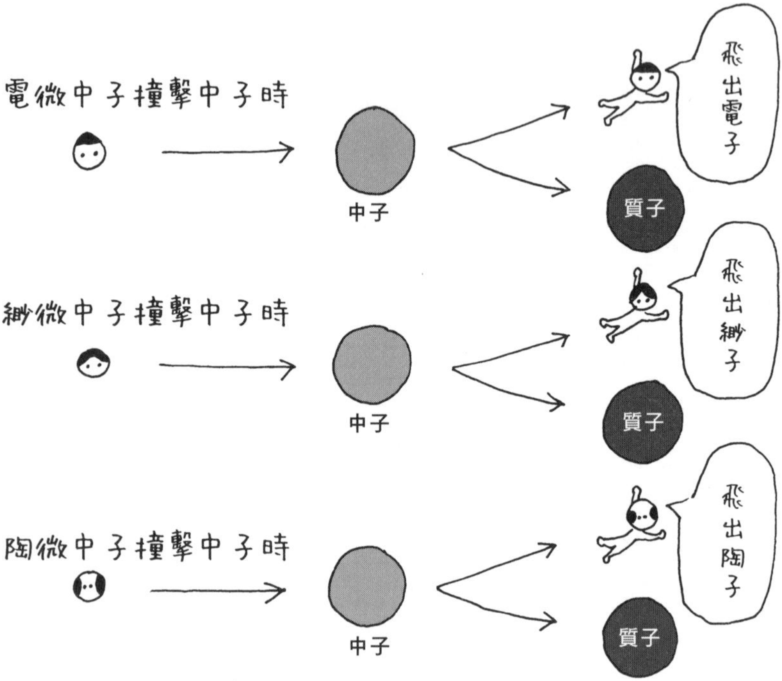

可與這張表對應！

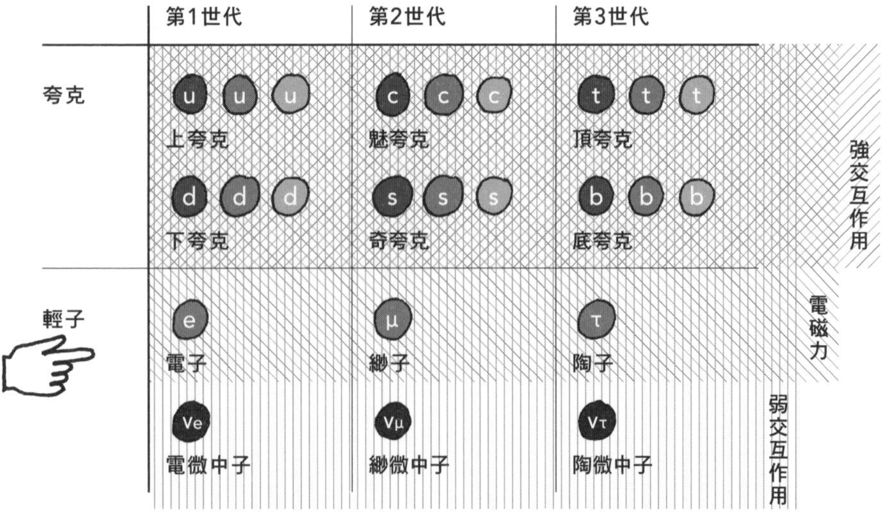

微中子種類互相對應的各種「帶電粒子」，再偵測這些帶電粒子——就能間接偵測到微中子的存在。

雖然，最好的情況是可以一口氣捕捉這些「帶電粒子」，但我們採用的是更迂迴的方式，接下來將說明這種方法。

這裡說的帶電粒子會用非常快的速度飛行，甚至比光速還要快。聽到這裡，或許你會想到「沒有任何東西的速度會比光速快」這個定律。確實，真空中沒有任何東西的速度能超越光速，絕對不可能。然而，光在物質內的速度會變慢。

各位有學過「折射」嗎？舉例來說，插入水中的物體看起來像是被折彎一樣對吧。會發生折射這種現象，是因為光通過物質的時候速度變慢的關係。

水的折射率大約是1.3左右，可以記成⁴⁄₃。而光的速度則會變成「折射率分之1」，故光在水中的速度會變成真空中的¾，也就是75%，會慢下來。這麼一來，帶電粒子（電子）在水中的速度就有可能超越光。

這時，帶電粒子會放出「光衝擊波」（就像在聲音的世界，在物體速度超越音速的瞬間，會產生音爆一樣）。這又叫做契忍可夫輻射（Cherenkov radiation），是由一個叫做契忍可夫的研究者發現的，就像這個俄羅斯人般的名字般，他正是俄羅斯科學家。契忍可夫輻射是圓錐狀的光，而我們就是偵測這種光（圖44）。

由於我們無法直接偵測微中子的存在，所以一開始會以微中子撞擊中子，使電子

圖44＊光的衝擊波：契忍可夫輻射

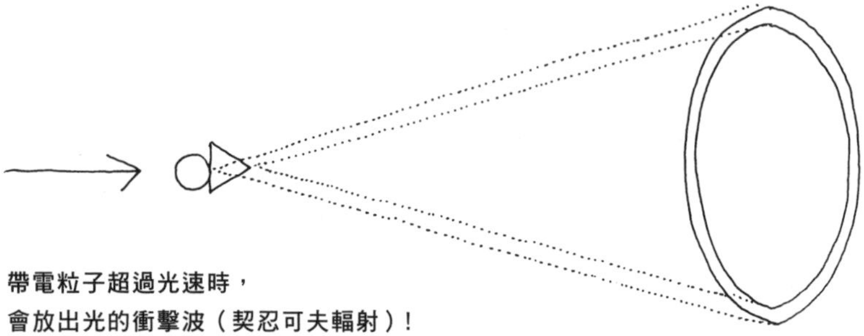

帶電粒子超過光速時，
會放出光的衝擊波（契忍可夫輻射）！

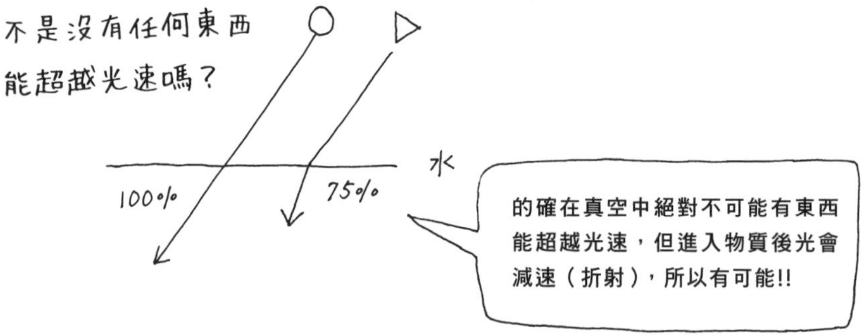
不是沒有任何東西
能超越光速嗎？
水
100%
75%
的確在真空中絕對不可能有東西能超越光速，但進入物質後光會減速（折射），所以有可能!!

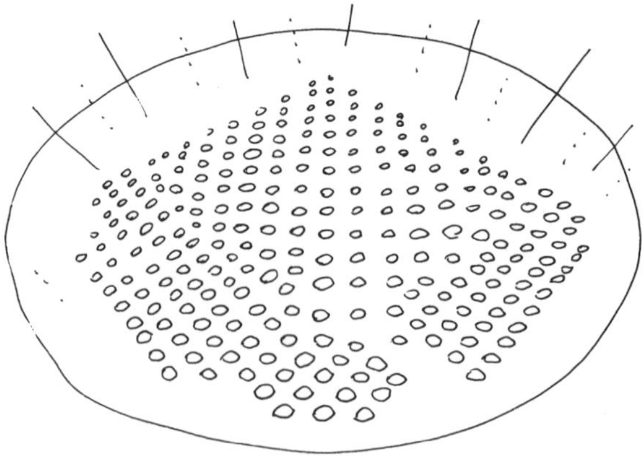

原子爐散發出的藍光就是契忍可夫輻射

（或是緲子、陶子）飛出，再讓帶電粒子於物質內快速飛行，並偵測此時所發出的契忍可夫輻射。以2階段過程間接捕捉帶電粒子。

神的影像源自於契忍可夫輻射嗎？

各位有在電視上看過原子爐的資料影片嗎？影片中可以看到原子爐會發出藍白色的光芒對吧。那其實是電子在爐心的冷卻水內以非常快的速度泳動所產生的契忍可夫輻射喔，這裡的契忍可夫輻射是藍色光芒。

另外，還有個例子因為是意外事故所以不太好開口。1999年時發生了東海村JCO臨界事故，工作人員在精製核燃料時發生了意料之外的核反應。那時的事件甚至有受害者因而死亡。據他們的說法，他們在事故發生的瞬間看到了藍色光芒。這不是因為他們看到了什麼會發出藍光的東西，而是放射線在眼球內快速移動，產生了契忍可夫輻射。

另外，常有太空人說在太空中「看到神了」，也有不少宗教人士會引用這樣的說法。不過，他們看到的影像，其實是契忍可夫輻射在腦內遊走時所產生的影像。太空內有許多來自星星或太陽的天然粒子束，又稱為宇宙射線。這些帶電粒子在腦內以光速移動時，就會產生契忍可夫輻射。這些光會在腦內四處亂跑，當腦細胞偵測到這些光訊號時，就會看到奇怪的影像。

總之，當粒子在物質中的移動速度超過光速時，就會放出藍光。

造就諾貝爾獎得主的劃時代實驗裝置

那麼，能夠檢測出契忍可夫輻射的裝置又該如何製作呢？其實我們剛才已經透露答案了。首先，因為要用來偵測光線，所以一定要用透明材質。如果只要求透明的話，不管是用塑膠還是壓克力都可以。

另一個重要條件，則是必須要很便宜。為什麼呢？因為微中子的反應性相當弱，把50億個微中子打向地球這麼大的東西，也只有1個微中子會發生碰撞。既然如此，檢出器也必須做到那麼大才行。總之體積愈大愈好，能夠多捕捉到1個微中子也好。使用大量透明且便宜的材質製作而成的檢出器，這就是神岡探測器（圖45）。

這是由小柴昌俊老師所設計出來的實驗裝置。他也因此獲得了諾貝爾獎。

簡單來說就是大型水槽，容積達3000立方公尺，可裝3000噸的水。總之很大就對了。

內側排列著許多一粒一粒的東西，放大來看的話就像這樣（圖46☞）。

這項裝置叫做光電倍增管（Photomultiplier），形狀看起來很像一個巨大的電燈泡，

圖45＊神岡探測器

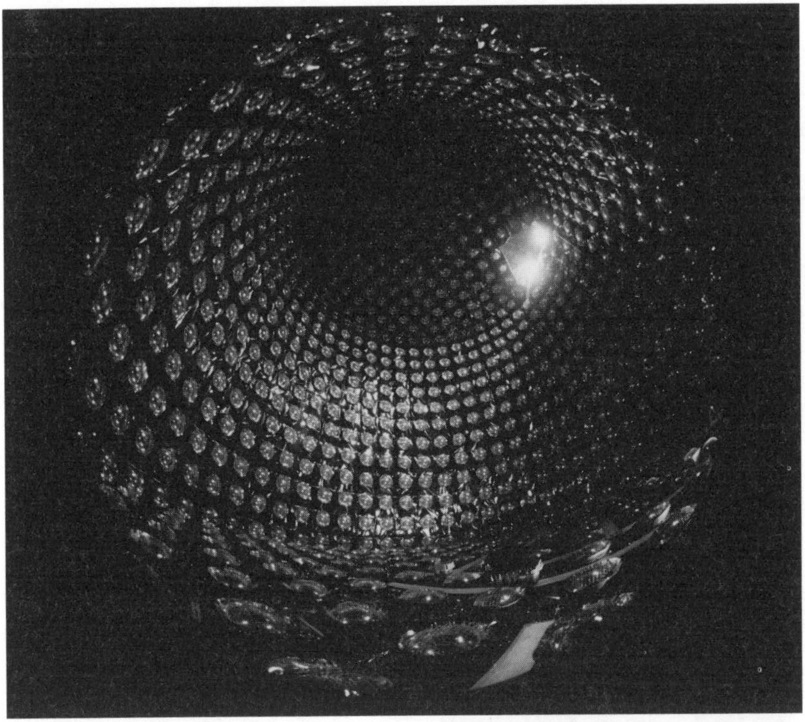

照片提供：東京大學 宇宙線研究所
神岡宇宙基本粒子研究設施（P176、P177的照片皆同）

©creative commons / Jnn

以1000個光電倍增管
包圍3000噸的水。

圖46＊光電倍增管

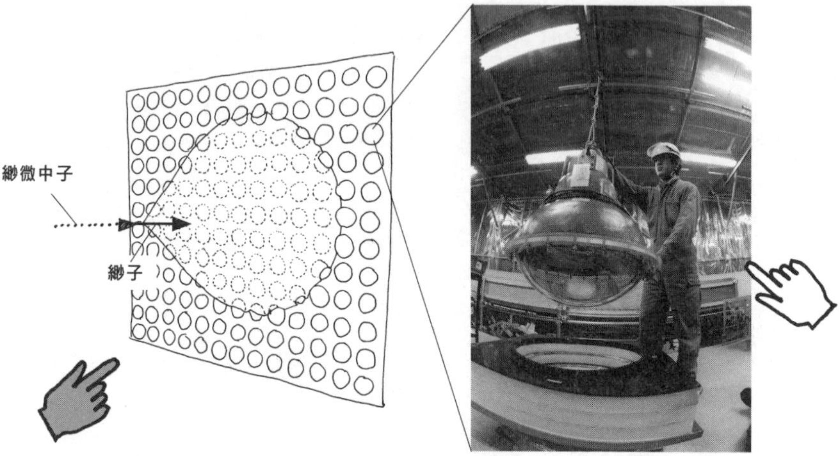

不過運作方式與電燈泡剛好相反。電燈泡是通電後使其發亮，光電倍增管則是在碰到光時產生電流。

為了捕捉由這3000噸水所散發出的微弱契忍可夫輻射，需設置非常多感應器以偵測光線。由於不曉得光會從哪個方向過來，所以會在每一面牆壁上都裝滿這種光電倍增管。

請把這個想像成神岡探測器的一小面牆壁（圖46☛）。微中子從左方飛過來，撞到中子以後會飛出緲子。由於這裡的緲子會以光速飛行，所以會放出圓錐狀的光（契忍可夫輻射）。

當契忍可夫輻射打到牆壁時，被打到的感應器就會有反應並發出訊號。實際上獲得的訊號就像這樣（圖47）。

事實上，隨著飛過來的微中子種類不

圖47＊神岡探測器所捕捉到的契忍可夫輻射

隨著微中子的種類不同，
契忍可夫輻射的形狀也不同。

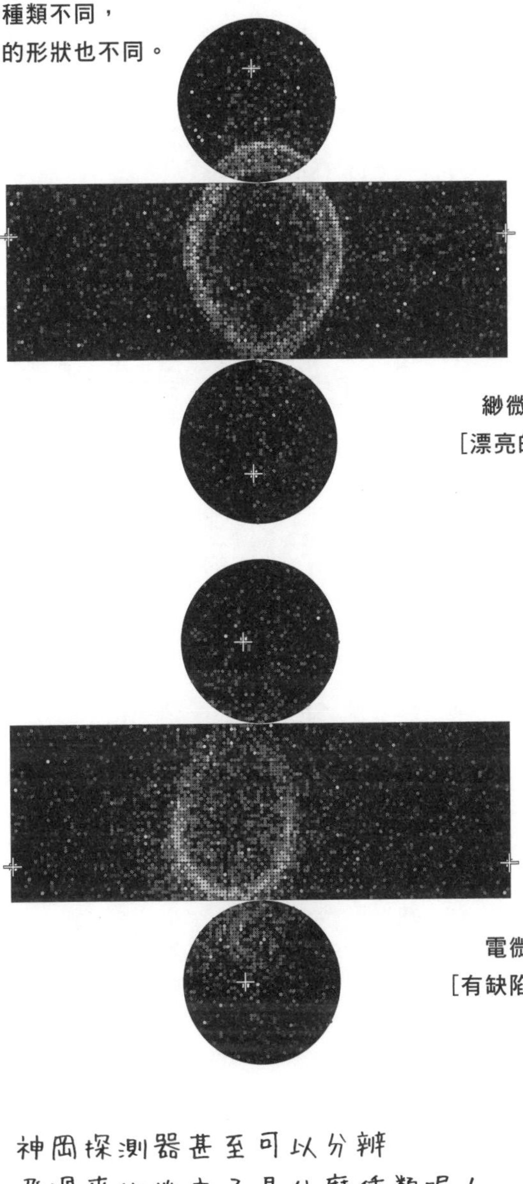

緲微中子
[漂亮的環狀]

電微中子
[有缺陷的環狀]

神岡探測器甚至可以分辨
飛過來的微中子是什麼種類喔！

同，契忍可夫輻射所產生的光圈形狀也會有所差異。

緲微中子可以打出漂亮的環狀紋路，而電微中子則會打出有些缺陷的環狀紋路。陶微中子因為質量過大，比較難藉由神岡探測器，而是改用水與契忍可夫輻射來捕捉它的存在。神岡探測器唯一的缺點，就是難以觀察到陶微中子……。

即使如此，光是「可以觀察到微中子」以及「能看出是哪一種微中子」，便已算是非常優秀的檢出器了。神岡探測器是80年代製作的裝置。經過30年以後，不論是檢出的敏感度、資料可讀性，還是在其他各式各樣的表現上，神岡探測器都還是世界上最優秀的微中子檢出器。目前尚未出現能夠超越此種構造的裝置。

事實上，神岡探測器還有一段歷史……一開始，科學家們並不是為了探測微中子而建造這個裝置。神岡探測器原本是為了觀測「質子衰變」而建造的。在某個偶發事件下，才讓它以微中子檢出器的身分受到矚目。

質子衰變是什麼呢？之前我們有提到質子與電子的壽命比宇宙還要長對吧。不過這其實是機率的問題，即使它們是幾乎不會衰變的粒子，要是蒐集了一大堆這種粒子，應該也可以觀察到1、2個衰變的情況。

為了觀測這個現象，科學家們設置了大型的水槽。因為水是H_2O——其實不用水來做實驗也可以——所以含有大量質子。既然有那麼多的水，應該能觀察得到其中1、2個質子衰變的現象才對。神岡探測器原本是為了這個目的建造出來的喔。科學家們想在觀察到3000噸的水中有哪個質子衰變之後，做出「啊，質子果然會衰變」之類的結論。

當時的理論學者們經過各式各樣的計算後指出，若有大約3000噸的水，1天大概可以觀察到1個質子的衰變。但真的把這個裝置製作出來後，卻完全觀察不到質子衰變的現象。他們很認真地持續觀測，卻一個都找不到。最後發現其實是理論學者們計算有誤。

「這個實驗失敗了……」正當科學家們對這樣的結果相當失望時，發生了一件大事。這件事真的只是偶然。

人類第一次不使用光來觀測天體的瞬間

那就是超新星爆發（圖48）。

某些恆星在死亡時，會碰地一聲爆發，像是垂死掙扎般地放出非常明亮的光芒，讓晚上變得像是白天一樣明亮；不僅如此，還會放出大量微中子。沒想到當大量微中子飛向地球時，居然被神岡探測器捕捉到了這些微中子。1987年2月23日16點35分35秒，正當科學家們還在抱怨著「啊——都觀察不到質子衰變的現象，真讓人困擾」，思考下一個實驗該怎麼做的時候，大事發生了。

圖48＊超新星爆發！

1987.2.23 16:35 SN1987A

這就是那個時候的資料（圖49）。下方的黑點是所謂的「背景值」，也就是類似雜訊的東西。不管用哪種測定器，都會出現各式各樣的假訊號。在一大堆背景值之中，只有在超新星爆發的瞬間，突然出現很大的反應。

事實上，天體物理學家們也曾預言「當超新星爆發時，會在很長的一段時間內持續放出光芒，不過大概只會在10秒內放出大量微中子」。神岡探測器所測得的結果與這個預言完全相符。只能說神岡探測器真的是「太厲害了！」。

在這之前——也就是1987年的這個瞬間之前，人們都是靠光線來觀測星星的。就算是利用電波望遠鏡觀測，看的也是電磁波，總之全都是靠光來進行觀測。但就在這個瞬間，人類史上第一次用光線以外的

圖49＊超新星爆發的微中子

依〈捕捉到超新星射出來的微中子了！〉戶塚洋二，
《現代的宇宙像》日本物理學會，培風館，1991之資料製作而成

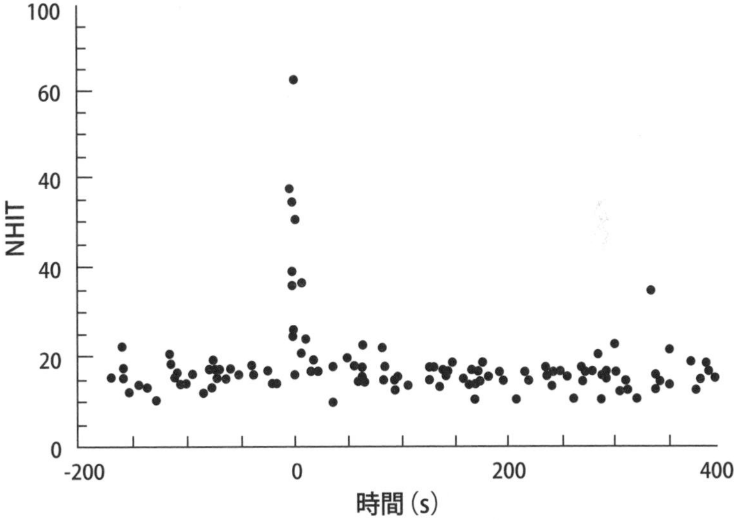
100
60
40
40
20
0
NHIT
-200
0
200
400
時間（s）

日本時間 1987年2月23日16點35分35秒（前後600秒內）

在恆星爆炸
死亡的時候，
會在10秒內
大量射出微中子…
與天體物理學家的
預測一致！

方法觀測天體。小柴老師也因此獲得了諾貝爾獎。

這真的是偉大的第一步。人們不僅明白到如何捕捉微中子，也知道該如何使用這種方法來觀測星星。微中子天文學這個新學問就此誕生。

不守株的話就等不到兔子

這樣的發現並不完全是偶然發生的。

在13秒內發現11個粒子，這個結果剛好與天體物理學的理論相符，說明了這些粒子是微中子。不過神岡探測器之所以能夠準確測量時間，是因為裝設的相關裝置——TDC，拜這個裝置之賜，讓科學家們能夠正確記錄觀測時間。

這是在研究者們發現到質子衰變實驗進展不順後，決定要將這個裝置改造成微中子觀測裝置，而著手進行的部分改造工程。

其他像是設置外水槽、改良相關裝置以提升水純度等，研究者們花費了許多心思在徹底降低雜訊上。事實上，這些改造是在觀測時間點的2個月前才剛完成喔。

也就是說，如果因為找不到質子衰變的證據就說「這個裝置不行啦」，進而放棄這個裝置「大家東西收一收回家吧」的話，就不會有這個重大發現。唯有不輕易放棄「不，這應該還有其他用途才對」，持續嘗試錯誤，努力改造裝置，才有可能等到這個

重大發現。

我認為要是那個時候沒有改造神岡探測器，全世界的微中子物理學也不會進展得如此迅速喔。不僅不會出現我們目前正從事的實驗，我也不會在這個研究所任職。

即使超新星爆發是偶然，捕捉到超新星爆發所產生的微中子卻不是偶然。

雖然努力不一定可以得到回報，但如果不努力的話，絕對不會有任何回報。雖然我們常用「守株待兔」來比喻徒勞無功，但如果沒有待在大樹下的話，就更不可能等到兔子。我們也是花了一番努力才能夠待在大樹底下的，最後也終於得到了豐碩的成果。

日本文部省也認為「這還滿厲害的」，於是通過了預算，讓我們能夠建造一個更大的探測器。

圖50＊超級神岡探測器！

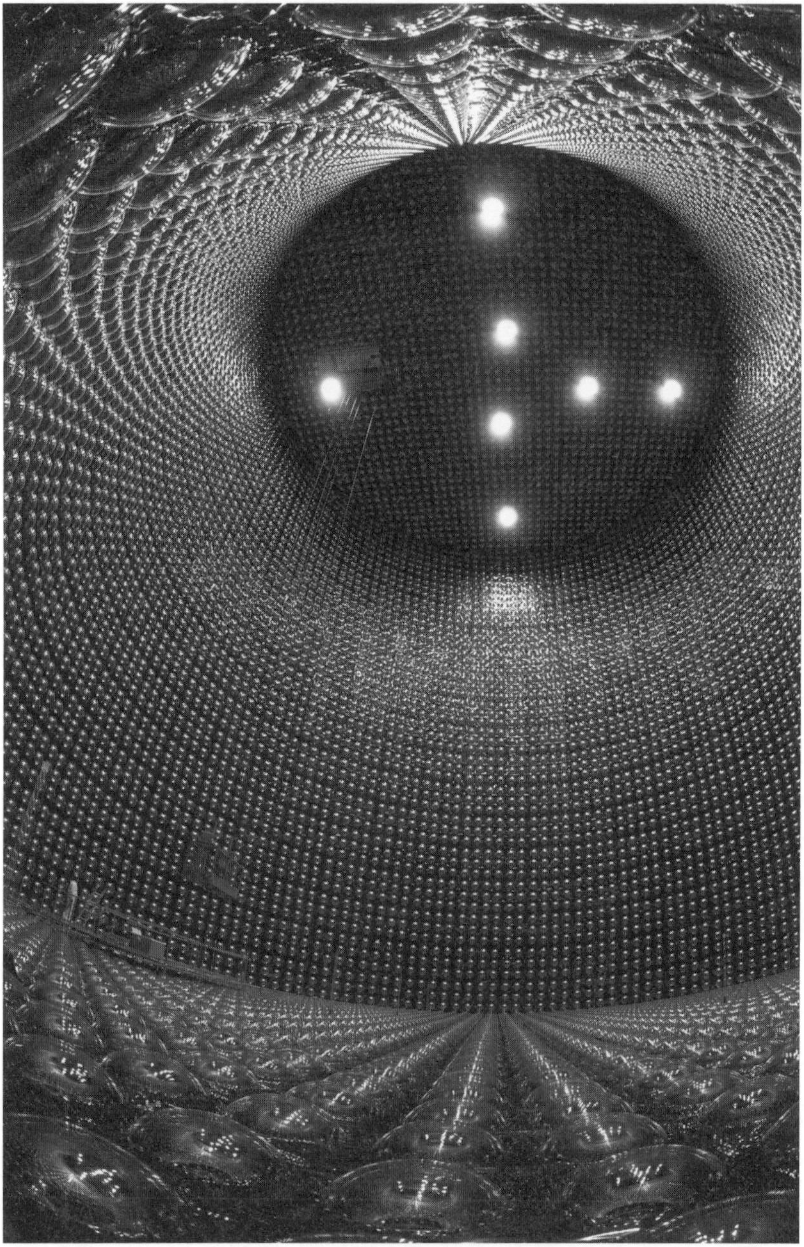

照片提供：東京大學 宇宙線研究所 神岡宇宙基本粒子研究設施（左頁亦同）

被10000個光電倍增管包圍的50000t水

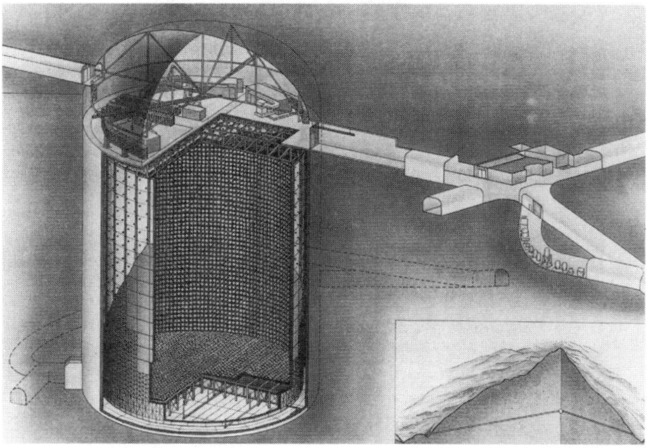

大小是神岡探測器的17倍

那就是超級神岡探測器（圖50）。只是在前一代裝置的名字上加一個「超級」而已，命名還真是隨便啊（笑）。

這裡面有5萬噸的水，是之前講的神岡探測器（3000噸）的17倍。直徑40公尺、高為40公尺，是非常巨大的裝置，但原理是一樣的。同樣是一個大水槽，牆壁上一樣排列著許多電燈泡般的光電倍增管，只是整個巨大化而已。

在基本粒子物理學的世界中，常可看到這種為了得到更好的結果而把裝置規模做大的例子。

這張照片是在注水以前拍的。人大概只有那麼大而已，由此可以看出這個裝置有多巨大了吧。這個世界第一的檢出器，讓我們能看到更多宇宙現象，了解更多事物。

像是什麼呢？

微中子的兩個未解之謎

首先，微中子有兩個很奇怪的問題，那就是「太陽微中子問題」與「大氣微中子問題」。

如同我們之前提到的，有許多微中子從太陽飛奔而來。而飛奔至地球的數量可以藉由理論計算出來。

但當我們觀測這些微中子時，卻發現實際值比預測值還要少了一些。看來在微中子抵達地球以前應該發生了什麼事……就是這些事減少了微中子的數量。

如果是其他粒子的話，還可以用「反正一定是在飛行途中撞上了什麼東西，數量才會減少吧」這樣的理由來解釋，但微中子幾乎不會與其他粒子產生反應，而且太陽與地球之間的空間什麼都沒有。既然如此，微中子又為什麼會減少呢？

這就是太陽微中子問題（圖51）。

另一個問題是大氣微中子問題。

地球會受到許多來自太空的宇宙輻射攻擊。不過地球有大氣層保護，所以飛向地球的宇宙輻射會在撞擊、破壞大氣分子後消散，而不會抵達地面。要是地球沒有大氣層

圖51＊太陽微中子問題

從太陽飛過來的電微中子量
比理論值還要少……

太陽

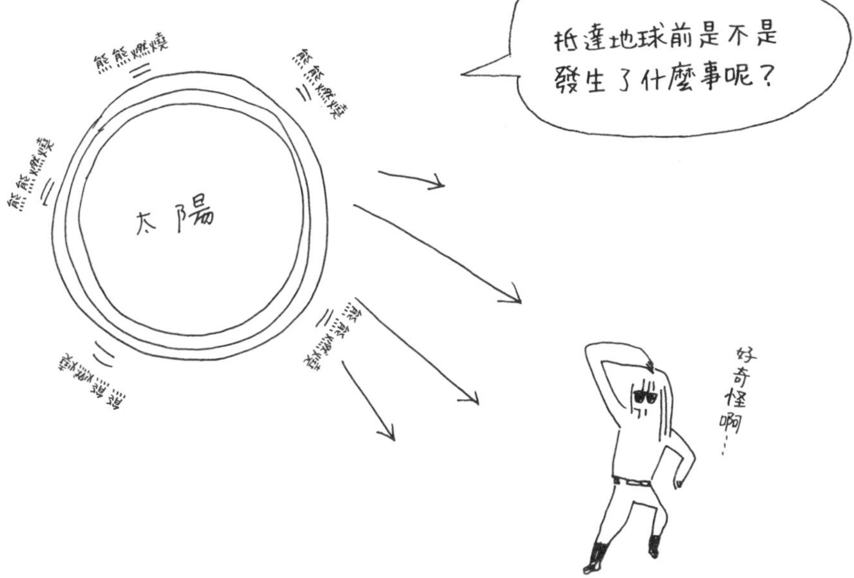

的話，人類就會直接暴露在宇宙輻射之下，無法存活。大氣層之所以很重要，並不只是因為有氧氣，還有著幫我們擋住宇宙輻射的功能。

撞向大氣層的宇宙輻射（高速帶電粒子）幾乎都是質子（因為沒有一定程度的壽命的話是無法從宇宙飛抵地球的）。

質子撞向大氣層時會發生什麼事呢？

這個（圖52☞），和第1次上課時提到的反應機制很像對吧？把大氣層當成標靶（牆壁），當質子撞擊到大氣層時會產生π介子。而π介子在經過一段時間後就會自動衰變，分解成微中子（以及緲子）。和人造微中子的方法一模一樣，不過這是在自然界發生的。加速器所使用的標靶是石墨，自然界則是以空氣分子當作標靶。

像這樣撞擊大氣層後產生的微中子，就叫做大氣微中子。那麼這裡會出現什麼問題呢？

假設神岡探測器在這裡（圖52☛），而太陽在「A」這裡，這時神岡探測器的位置是白天。來自太陽的質子會撞擊神岡探測器上方的大氣層，產生大氣微中子，再被神岡探測器偵測到。

當神岡探測器的所處位置是晚上時，太陽在「B」這裡，來自太陽的質子會在這裡製造大氣微中子。如同先前提到的，微中子撞擊到地球分子的機率是50億分之1，所以在地球對面產生的大氣微中子，應該幾乎全都會通過地球才對。換句話說，不管檢出器

圖52＊大氣微中子問題

大氣微中子：來自太陽的質子撞擊到
地球的大氣層時產生的微中子。

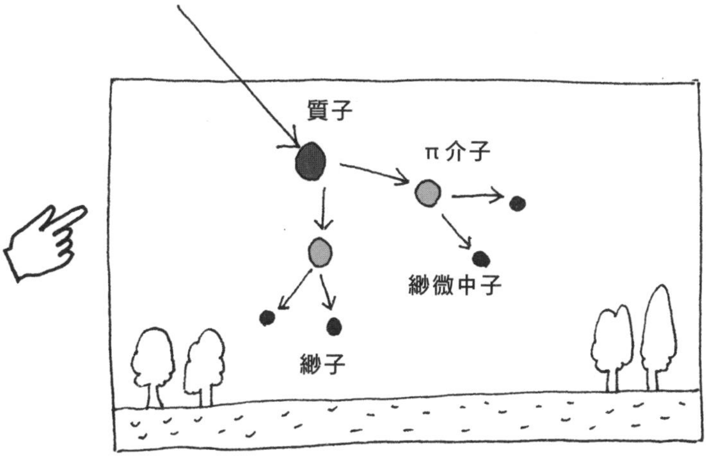

白天和晚上所觀測到的大氣微中子數目不一樣。

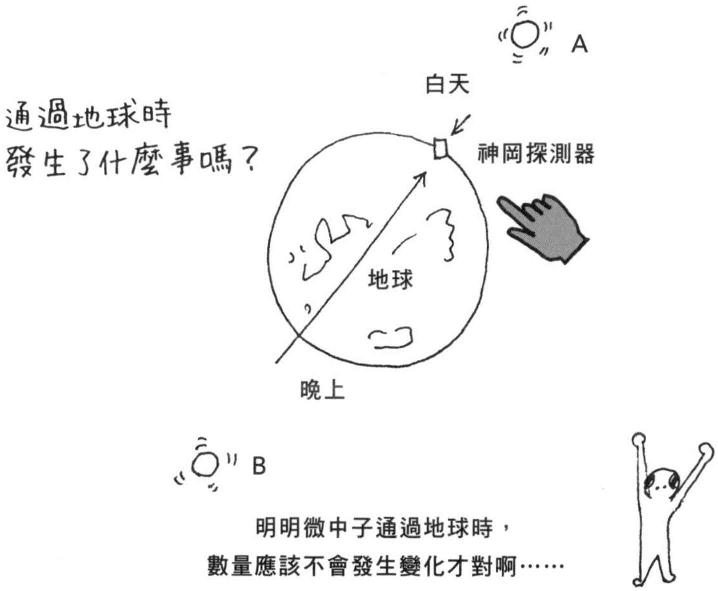

明明微中子通過地球時，
數量應該不會發生變化才對啊……

所在位置是白天還是晚上，不管太陽在地球的哪一邊，應該都不會對微中子造成影響才對。因為地球內部對微中子來說空蕩蕩的幾乎什麼都沒有。

但事實上，神岡探測器在白天和晚上所觀測到的大氣微中子數目並不一樣。

在這之前，我們的檢出器還不夠精密，所以分不出這麼細微的差異，只能大約看出白天和晚上的數量好像有差異；並進一步推測，在通過地球的時候應該是發生了什麼事。

「從太陽到地球的過程中似乎發生了什麼事」（↓太陽微中子問題）、「通過地球的過程中似乎發生了什麼事」（↓大氣微中子問題）就是這兩個問題。

微中子會在3個種類間變來變去

有一個理論可以解釋這種現象，那就是「微中子振盪理論」，確認了這個理論的就是日本人（坂田昌一、牧二郎、中川昌美等3人）。

當時人們認為微中子沒有質量，但如果微中子真的沒有質量的話（正確來說，應該是「質量沒有差異」的話），電微中子、緲微中子、陶微中子從誕生開始，就會一直保持是同樣的微中子——電微中子永遠是電微中子、緲微中子永遠是緲微中子、陶微中子永遠是陶微中子，誕生後就永遠不會改變。仔細想想這也很正常吧，電子永遠都是電子，不

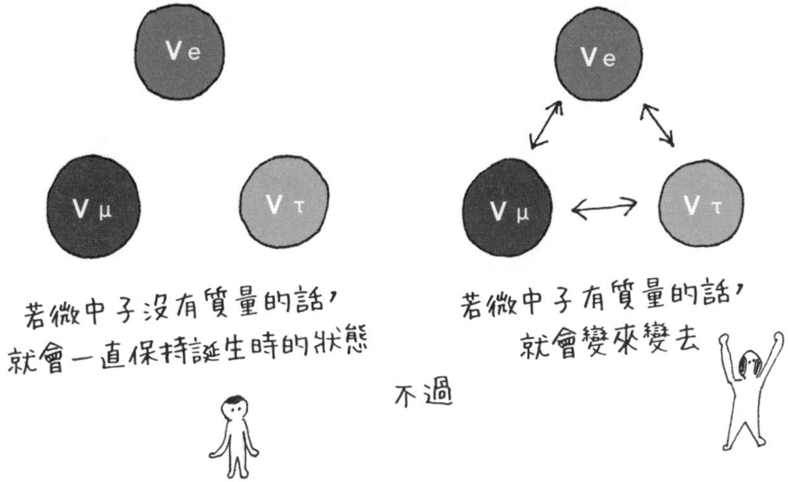

會突然變成緲子，所以一般來說都會這樣想。

不過，有理論指出「要是微中子之間的質量有差異的話，電微中子、緲微中子、陶微中子應該會彼此變來變去」。若要解釋為什麼會有這種現象，得用到很複雜的理論才行，所以這次就先省略吧。

請各位看這個實驗資料（圖53）。

左邊是太陽在探測器的另一邊時的記錄（晚上），右邊是太陽在探測器上方（白天）時的記錄。灰線是假設微中子振盪現象不存在時，可觀測到之微中子的期望值；黑色圓點是實際觀測到的微中子數。由此可看出白天可觀測到很多微中子，到晚上就少了很多對吧？

如果不同微中子的質量有差異（會振盪）的話，就會在不同種類的微中子之間

圖53＊白天與晚上的大氣微中子數目

依〈微中子質量的發現〉Edward Kearns／梶田隆章／戸塚洋二，《別冊日經科學》164號，2009年之資料製作而成

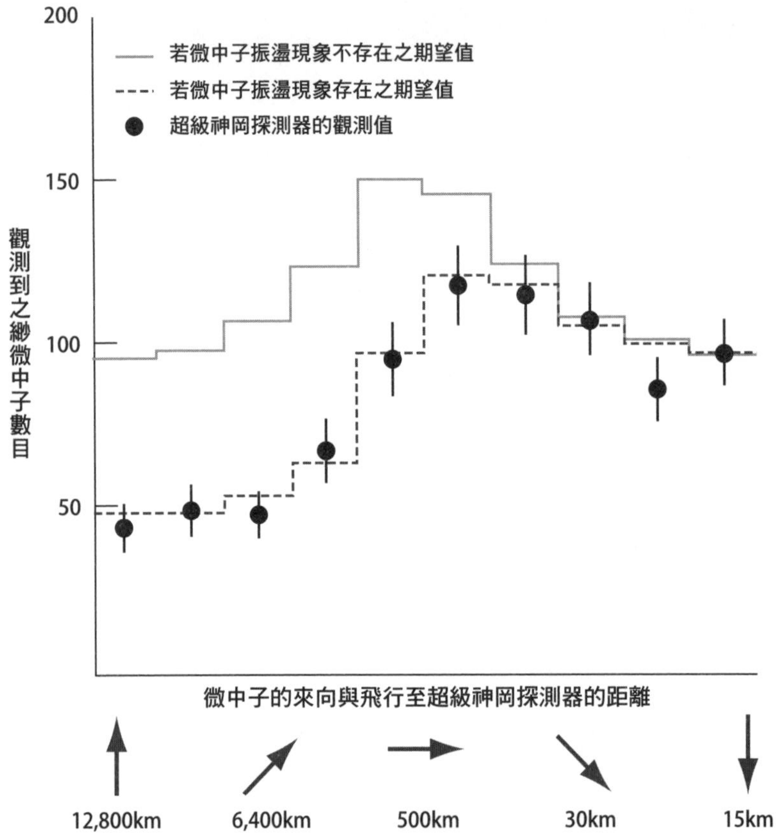

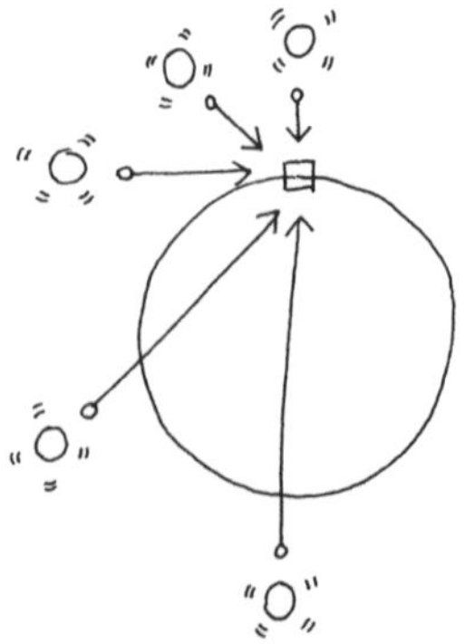

變來變去。舉例來說，白天觀察到的可能是電微中子，到了晚上——從地球的另一端飛過來的微中子可能已經變成另一種微中子。說不定在飛行的過程中可能轉變成陶微中子之類的。

若依微中子振盪理論計算可觀測到之微中子期望值，可得到這條虛線。神奇的是，這剛好和實際觀測值相符。

看來這個理論是正確的。微中子有質量，而且會在不同種類的微中子之間變來變去。這可說是改寫教科書的第一步。

講到這裡，就讓我們來回答一個之前收到的問題吧。

Q 從宇宙中飛來的天然微中子和加速器製造出來的微中子束有什麼不同呢？

宇宙中到處都是微中子，真的到處都是。用這些微中子來做實驗不就好了嗎？為什麼還要花1500億日圓，特地做一個微中子砲呢？

這當然是有理由的。研究者們可以控制人造粒子束的能量（微中子的速度）、數量，以及發射時機（何時發射、何時停下）。但從太陽飛過來的微中子則完全由太陽控制，不管何時飛過來的微中子性質都相同。就算對太陽說「希望飛過來的微中子能更快一點」、「希望微中子的量能多一點或少一點」、「希望能稍微停一下」，太陽也不會理你。而且當初製作這個探測器時所參考的條件也只是推測而已，沒有人能確定這樣的條件是正確的。

因此，才要用能夠自由調整的粒子束進行實驗，就是這麼回事。這麼做的目的是什麼呢？

就是要再一次確認剛才提到，我們所觀測到的現象是不是真的由微中子引發的。

如果只觀察從太陽飛來的微中子的話，有可能會忽略掉某些因素。如果只看這些自然現象，並沒有辦法證明我們的理論正確。

不過，如果用人造微中子也能引發同樣現象的話，便能保證我們的理論是正確的。這就是所謂的科學方法。就像我在前面提到的，說明現象的是「理論」，需經過有再現性的「實驗」之後，理論才成立。

因此，我們才會製造微中子，並將其打向神岡探測器，以驗證我們的理論。

唉呀，走了好長一段路呢。花了4個小時，終於要開始說明我們為什麼要做這個實驗了。

掀起全世界討論熱潮的驚人實驗（第一世代）

事實上，目前進行的微中子實驗（T2K實驗）是第二世代的實驗。第一世代的實驗又稱作「K2K」實驗，是1999年到2004年間進行的實驗。

「K2K」是「高能研to神岡」的略稱。光是實驗名稱聽起來就很帥了，而想像出這種實驗的人更是驚人……不過該怎麼說呢，這些人應該都是些很怕麻煩的人吧（笑），所以才取了這個單純的名字。

實際進行K2K實驗後，發現人造微中子也與天然微中子一樣有振盪情形（圖54）。原本應該要觀察到156個微中子才對，實際上卻只有觀察到112個。

黑色圓點是實驗資料（和黑點畫在一起的直線又叫做error bar，用以表示誤差。不管什麼實驗一定都會有誤差）。由圖可看出，實驗值與有振盪的期望值之差異在誤差範圍內。

至此我們便可完全確定，各種微中子之間會互相變來變去，而不是其他原因造成這個現象。微中子具有質量的論點有99.998%以上的機率是正確的，我們證明了這一點。

這真的是一個非常驚人的實驗，也在全世界引起了討論熱潮「這實驗真厲害！」。

圖54＊長基線微中子振盪實驗

K2K實驗（1999～2004）KEK to Kamioka

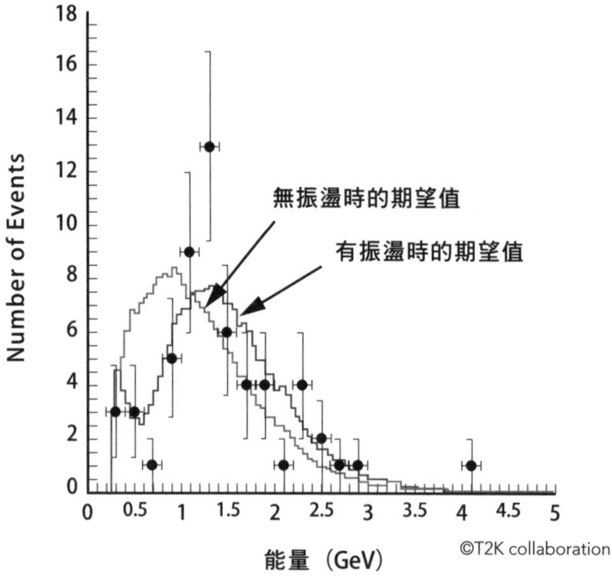

實際值與「有振盪」的期望值一致！
故微中子有質量之論點的準確度達99.998%以上。

這個厲害！所以決定
要進行更大規模的實驗

T2K實驗（2009～）Tokai to Kamioka

把微中子束的強度提升至100倍，以研究更細微的性質。

T2K實驗可以拿到諾貝爾獎嗎？

拜K2K實驗成功之賜，科學家們開始了新的大計畫，那就是我們一直在談論的T2K實驗，從東海to神岡，從2009年開始進行。

T2K實驗的微中子威力是K2K實驗的100倍。把威力加強到100倍是為了要研究什麼呢？既然已經「知道微中子有質量」，再做一次同樣的實驗也沒有意義。

K2K實驗中，科學家們知道打出來的緲微中子會轉變成其他種類的微中子，卻不曉得緲微中子變成了哪種微中子。即使花了5年實驗，科學家們也捕捉不到改變後的微中子。

T2K的實驗目的就在於確認這些緲微中子會轉變成哪種微中子，並將其轉變後的樣子攔截下來。我們從東海村發射的是緲微中子的粒子束，除此之外幾乎不含任何雜訊粒子。

不過要是在偵測到粒子束時，發現粒子束中混有幾個電微中子，就證明了微中子在飛行過程中會振盪。接著只要再計算緲微中子與（發生變化的）電微中子各有多少個，就可以得到緲微中子轉變為電微中子的比例。這是全世界還沒有人觀察到的現象，要是進行順利的話也許可以拿到諾貝爾獎喔（圖55）。

圖55＊T2K實驗的目的

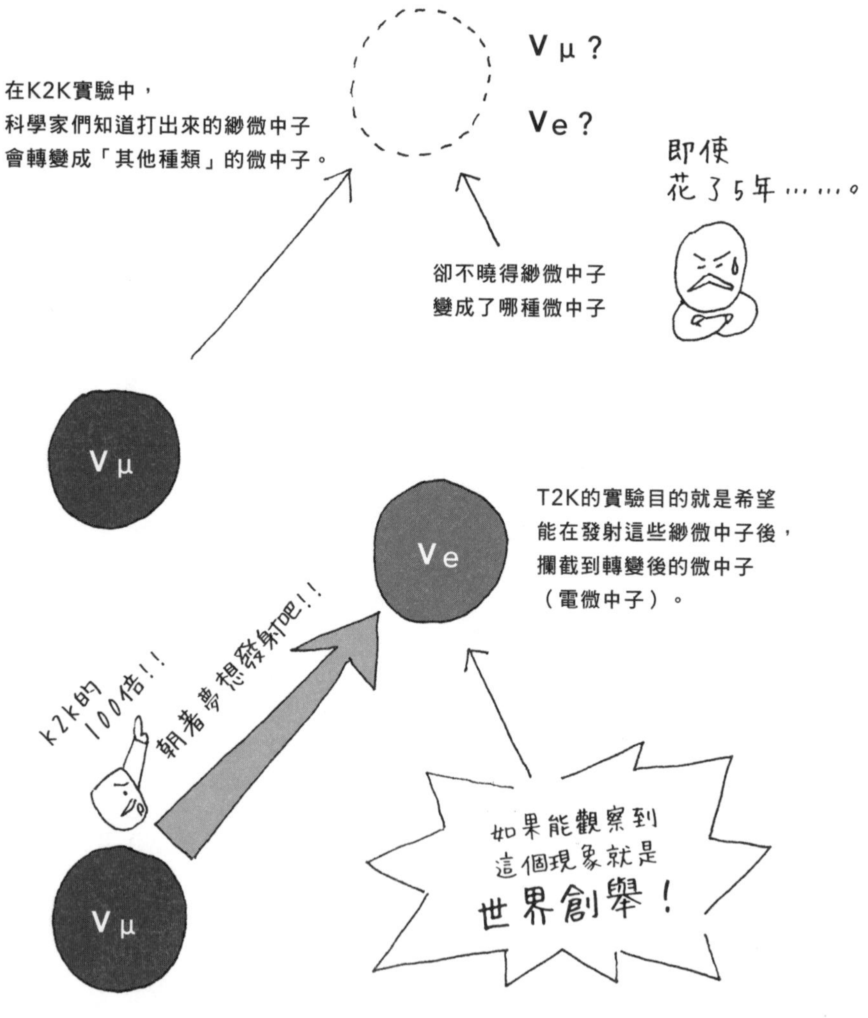

接著來回答下一個問題吧。

Q 微中子束通過的路上沒有障礙物嗎？

粒子束的路線大致上是這樣（圖56）。

地球是圓的，而粒子束會在地底下前進。我們常會被問「粒子不是在特殊管道內前進嗎？」，要是這麼做的話會花非常多錢，所以我們不會特別做一個管道給這個實驗用，而是讓微中子直接穿過地層。只有微中子才適用這種方式喔。既然穿過直徑為13000公里的地球也只會減少50億分之1，那麼這短短300公里對微中子的影響又更是微乎其微了。

再來是這題。這不是誰問的問題啦，是我自己寫的（笑）。因為一定會被問到嘛。

Q 穿過地球的微中子為什麼可以被超級神岡探測器探測到呢？

就算仔細說明了檢出微中子的原理，還是有很多人不能認同。他們會覺得，就連地球那麼大的東西，都只能擋下50億分之1的微中子，那麼5萬噸的水根本一點作用都沒有不是嗎？「怎麼可能探測得到呢？」

圖56＊微中子束的路線

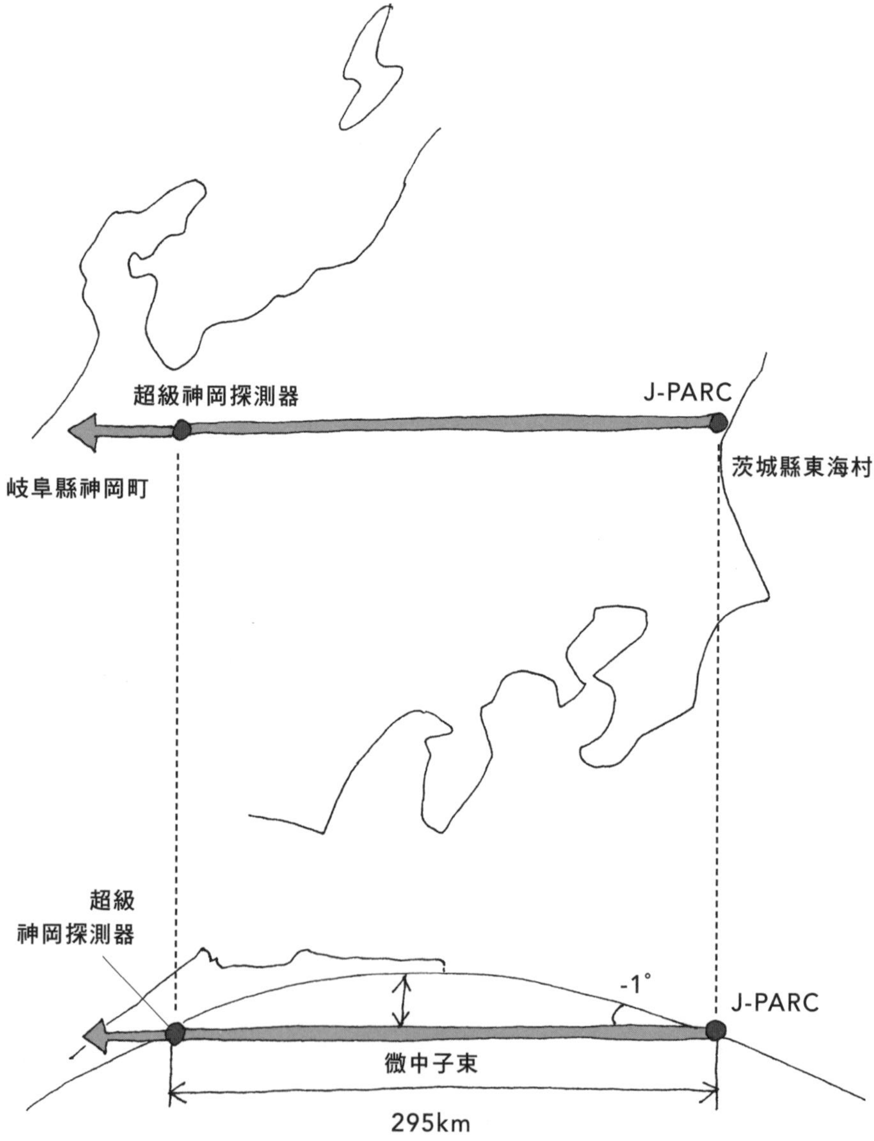

該不會是因為神岡探測器被施了什麼魔法，所以才有辦法探測到微中子嗎？當然完全不是這樣，這只是一個很單純的大水槽而已。

那到底是為什麼呢？其實這就是基本粒子物理學的核心，各位仔細聽好囉。

槍法再爛的人，多打幾次也會中。

就是這樣（笑）。換句話說，就是機率而已。50億分之1的機率確實很低，既然機率很低的話，多打幾次不就好了嗎，總有一發會打中的嘛。簡單來說就是把規模做大啦，很有基本粒子物理學的感覺吧……。

在第1堂課中也有提到，我們每秒可發射1000兆個微中子，和日本政府的負債一樣。1秒鐘就可以打出那麼多微中子，很厲害吧。

但是微中子束要飛行300公里才能抵達超級神岡探測器，途中微中子束一定會慢慢擴散。發射時粒子束的直徑只有3公分左右，抵達目標時會擴張到數公里。因此，能夠抵達超級神岡探測器的微中子已遠小於每秒1000兆個。雖說如此，也有每秒約3000萬個的微中子可以抵達超級神岡探測器。這個數字再乘上反應機率，就可以計算出1天能捕捉到幾個微中子，大約是10個左右。

每秒發射1000兆個微中子，而且24小時持續運作不停歇，在9萬秒內一直射出微中子。1000兆×9萬……最後只有10個能被探測到。基本粒子的實驗常讓人有這種絕望的感覺呢。

光聽這樣，也許你會覺得這種實驗效率實在是差到令人不可思議，但事實上，這樣的效率已經很高囉。請回想一下我們剛才講的故事。

剛才我們所提到的K2K實驗中，5年內——從1999年到2004年的5年實驗中，只補捉到了112個微中子喔。不過若用T2K進行同樣的實驗，只要10天就能結束了。

K2K實驗中每10天只能捕捉到1個微中子。這一點都不像是在蒐集實驗「資料」對吧，完全沒有在做實驗的感覺。一整天坐在那裡什麼事都不做，「今天就這樣吧，該回家了」大概像這種感覺。10天都坐在那裡，卻得不到任何資料。不過改用T2K的話，1天就有10個資料，終於比較像是在做實驗了。

剛才也有提到，K2K實驗中「科學家們知道緲微中子會轉變成其他種類的微中子，卻不曾親眼看到它們轉變成電微中子」，這大概是因為數量不夠吧。112個微中子並不夠。所以我們保留K2K的實驗方法，增加打出的微中子數量。此外，我們還盡量使用容易轉換成電微中子的緲微中子進行實驗（相較於微中子束的中心部分，稍微偏離中心的部分有比較高的機率轉換成電微中子），這樣應該更容易發現電微中子才對。至少我們是這樣預測的。

再來是這個問題。

Q 微中子要花多少時間才會抵達神岡探測器？

這個很好算。微中子的速度幾乎和光速一樣，所以只要把300公里除以光速就行了。也就是說，

300km÷300,000,000m/sec＝1msec（0.001sec）

1000分之1秒，也就是1毫秒。幾乎是一瞬間發生的事。這很重要，讓我們看看下面這個問題，這是個很好的問題。

Q 有任何證據可以證明神岡探測器所觀測到的微中子，真的是從東海村發射出來的微中子嗎？

這很重要，因為地球上有一大堆微中子來自太陽。既然如此，神岡探測器不是也會捕捉到從太陽飛過來的微中子嗎？要怎麼證明捕捉到的微中子是從東海村打出來的呢？要是捕捉到電微中子的話，必須有證據顯示它是從東海村來的才行。

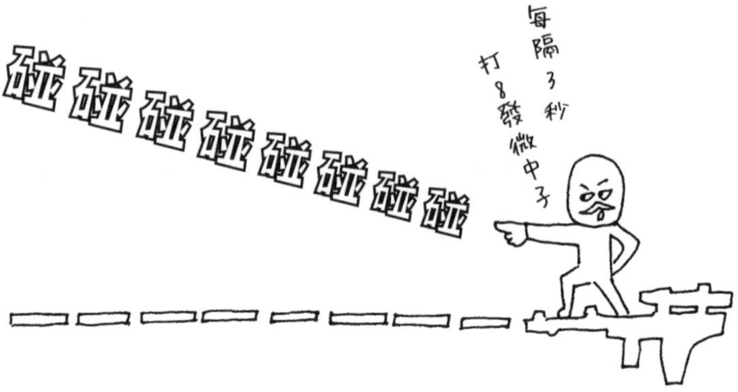

粒子束抵達神岡探測器的時間與預測相同就可確定！

我們做實驗時，並不是連續不停地發射微中子。我們用的粒子束會先碰碰碰碰碰碰碰碰，連續打出8次微中子，然後等待3秒，再碰碰碰碰碰碰碰碰地8連射。這3秒間隔單純只是粒子加速時間而已，所以沒辦法縮得更短，但也因此形成了特殊的粒子發射模式。

要是檢出微中子的時間點是粒子束發射的1000分之1秒後——也就是剛好在8連射的時間點——就可以確定這個微中子不是仿冒品（來自太陽的微中子）。

這是將數次實際觀察到的資料重疊在一起所得到的圖（圖57）。虛線標示的地方就是打出微中子的時間點，因為是8連射，故有8條直線。接著我們將累積了數天，每天約10個微中子的實驗觀測資料與這8條直線重疊在一起，可發現偵測到微

圖57＊怎麼證明在神岡偵測到的微中子真的來自東海村？

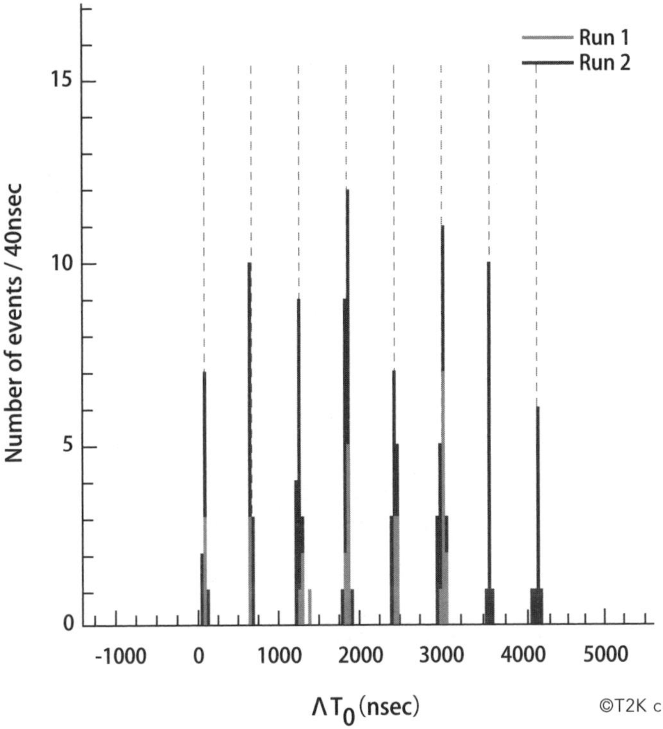

©T2K collaboration

重疊數次觀察到的資料，
可發現8連射的時間點與
偵測到微中子的
時間點剛好一致！！

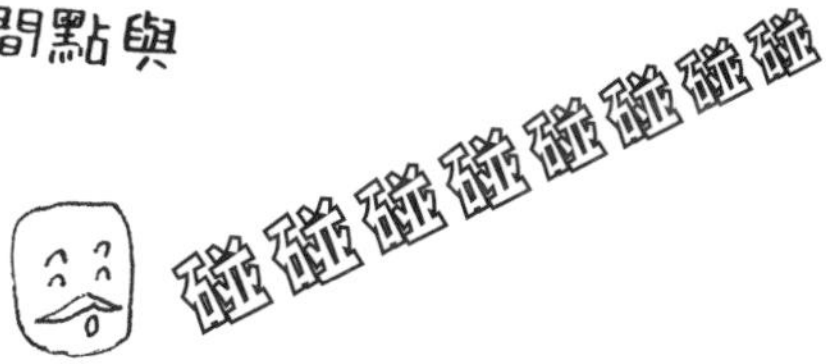

中子的時間與打出微中子的時間完全相同。更正確地說，在把除了東海村的微中子來源（如太陽、原子爐等）排除後，就能完美地達成一致。

因此，若要做這個實驗，就必須以幾億分之1秒為單位測量時間。這需要精密的對時工作，並不是神岡和東海村之間說一句「來對個時吧，3、2、1」就可以辦得到的事。我們所使用的時鐘與GPS，都需以奈秒或類似等級的單位進行對時。而且在發射粒子束的時候，也必須以GPS定位才行。所以從各方面來看，這絕對是進入21世紀後才有辦法進行的實驗。

這是初次成功製造出微中子束時的照片（圖58 ☞）。為達磨不倒翁畫上眼睛的是西川老師，他是這個團隊的領導人，這個實驗就是他想出來的。西川老師也是目前我所任職的高能量加速器研究所機構基本粒子原子核研究所的所長。

從這張照片看起來好像我是主角一樣（笑）。其實不是，旁邊的西川老師才是。

西川老師是我以前在京都大學時的指導教授，我的博士學位就是他給的。後來我才知道，原來我們連高中都是念同一所學校。不過這真的只是偶然啦。

下面這張圖是神岡探測器第一次捕捉到訊號時的樣子，那是在2010年2月24日。這也不是我們一坐下來後，突然啪一聲得到訊號，就能宣布實驗成功，不是這樣的。如同我之前所說的，我們必須謹慎確認這是不是我們想要的訊號，花一個晚上仔細討論資料，像是時間點是否吻合之類的問題。最後才得到「看來這應該是真貨」的結

圖58＊T2K實驗的開始

2009年4月23日，微中子束製造成功！

©KEK

2010年2月24日，於神岡觀測到微中子！

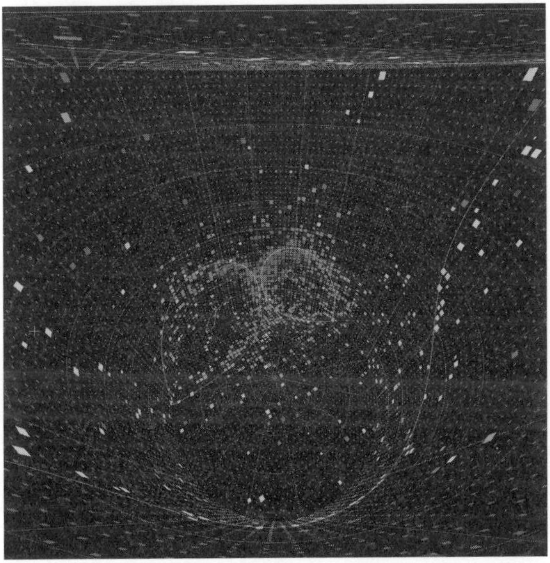

©東京大學 宇宙線研究所 神岡宇宙基本粒子研究設施
以及T2K collaboration

論，並於隔天的25日確定這是我們要的資料。

就這樣，我們漸漸累積了不少實驗結果。

那麼最後就來聊聊我們的對手吧。上次有人問這個問題。

Q 要是發生地震等災害，造成研究設施停電的話，研究會停止嗎？日本不會輸給美國或歐洲嗎？

一開始的K2K實驗非常成功，所以除了我們日本，歐洲與美國的研究團隊也開始了類似的微中子實驗。

於美國進行的NOvA實驗與我們類似，同樣是用加速器製造微中子，打向位於800公里外的檢出器。他們的粒子束威力非常強，但是他們的檢出器性能並不像超級神岡探測器那麼厲害，這是他們的弱點。

美國大概1天之內也可以捕捉到10個左右的微中子，真的是個很強大的對手。

目前還是我們比較厲害，但不久前美國教育部對他們下了「快做出實驗結果來」這樣的指令。當身在日本的我們因為各種問題而停滯不前（再加上地震的影響）時，美國人開始覺得「再加把勁應該就能追過日本了吧？」，於是加快了實驗的腳步。最近他們的進度已比原先預訂進度還要快好幾年，幾乎已追上了我們。對我們來說，現在狀況真的不太妙。

位於歐洲的法國也在進行同樣的實驗，不過這裡是用原子爐來產生微中子。他們並非為了做這個實驗特別建了一個原子爐，而是在原本就有原子爐的地方「挪個位子」，在旁邊建了一個檢出器。原子爐在運作時，就會自然而然地紛紛飛出大量微中子，故偵測到微中子的個數是我們的10倍到100倍左右。

法國的研究團隊想觀測的是電微中子轉變成緲微中子的現象，和我們所進行的實驗剛好相反。由於原子爐會製造出大量電微中子，所以他們把檢出器設置在原子爐旁邊。

正如他們的實驗名稱「Double Chooz」般，法國的實驗建造了2個檢出器。之所以要建造2個，是因為這樣可以消除系統性的雜訊，少了由雜訊造成的誤差，便可提高偵測的精準度。但由於他們以原子爐作為來源，故沒辦法精準控制微中子。因此，即使原子爐的微中子量比較多，和加速器比起來精準度還是很差。法國團隊所使用的檢出器與我們所使用的「水＋契忍可夫輻射」原理不同，他們使用的是液體閃爍體探測器（Scintillation Detector）。他們會將這種儀器放入大槽內，由光電倍增管偵測液體閃爍體探測器所放出來的螢光。

Double Chooz（法國）：使用原子爐

©Double Chooz Collaboration

有競爭才有進步

基本上不管哪個國家，在開始進行實驗以前，都得預估這項實驗會在哪一年得到結果，並向該國的負責單位說明這些事項，以獲得預算。而不管是日本、美國，還是法國，都預估實驗完成的時間點是在2014年。由此可看出我們真的是對手，這是一場三強鼎立的激烈競爭（補充：這場競爭在2013年時以我們團隊的勝利畫下了句點。目前我們與美國的團隊已進入了第2階段，展開了下一輪競爭）。

順帶一提，中國與韓國也有進行相關實驗，不過都不是用加速器，而是用原子爐。而且也都還沒得到能與我們相提並論的結果，所以目前還不是我們最大的對手。

當有對手存在時，為了贏過這些對手，我們必須拚了命地努力做研究才行，這樣確實很辛苦，但也正因為我們這麼拚命，才能持續進步。若身處於沒有對手的環境，技術進步的速度也會相當緩慢，就和準備考試一樣對吧？和你的對手們彼此切磋琢磨，才能夠快速成長。這正是人類科學技術的進化史。

Q J-PARC在國會預算會議中沒有被刁難嗎？

謝天謝地，讓我們可以在民主黨取得政權以前完成這個計畫（笑）。先做先贏嘛。

不過我們確實有被刁難。

在國會預算會議中，有議員提出「一定要當第1名嗎？第2名不行嗎？」的問題。要是問我的話，我一定會馬上回答。

「絕對不行！」

不如說，要是被問到的人沒有這麼回答的話，那才是大問題吧。在科學技術的世界中，要是沒拿到第1名的話就沒有意義了。如果是汽車或其他產業的話，第2名倒也沒什麼關係。

就是因為J-PARC有全世界最先進的科技，才會聚集世界各地的研究者。

這1500億日圓的建設費可不是隨便亂燒的（笑），而是流向了各大日本企業。像是清水建設、東芝等——當然，也有部分的金錢流向海外，但畢竟這是在日本做的實驗，所以可以當作幾乎所有錢都付給了日本廠商。

要建造一個加速器需要非常精密的特殊技術，舉例來說，製造超傳導加速空腔需要用到一種叫做鈮的金屬（原子序41）。這種金屬非常難處理、非常難加工。為其加工的公司叫做東京電解，他們的加工技術在全世界的市場中幾乎擁有獨占地位，而他們就是在和我們一起開發加速器時，逐漸培養出這些技術的。

我們會設想出各種用來做實驗的裝置，然後詢問這些企業的人「可以幫我們做出這種東西嗎？」而他們有時會回答「這個啊，以目前的技術來看是做不出來的喔」，但卻會試著開發出能製作出這種產品的技術。在這個過程中，他們甚至可以開發出連他們自己都未曾想過的新技術。利用開發出來的新技術，或許就能夠做出完全沒有人做過的產品呢。這或許也能為這間企業帶來新的利益。

而這也能成為振興產業的契機。

要是沒有拿到第1名，只得到第2名的話，以後我們就拿不到預算，無法做實驗。基本上在物理學的世界中，不會有人以當第2名為目標。於是，東芝或三菱重工的加速器部門也會跟著倒光光。就像我剛才講的，這些部門都是新技術誕生的契機。要是沒有新技術持續誕生的話，對日本的科技產業來說會是重傷。就是因為我們能夠一直保持在第1名，才能夠支撐起日本龐大的產業。

以上是從「經濟方面」簡單說明為什麼我們要做這個研究，至於和研究本質比較有關的問題——「基本粒子物理學對我們來說有什麼意義呢？有什麼用途呢？」之類的問題，我想留到下一次上課時回答。

因為已經嚴重超時了，所以之前收到與反物質、暗物質、宇宙等相關的問題，將會在下一次上課時回答。那麼今天的課程就到這裡結束。

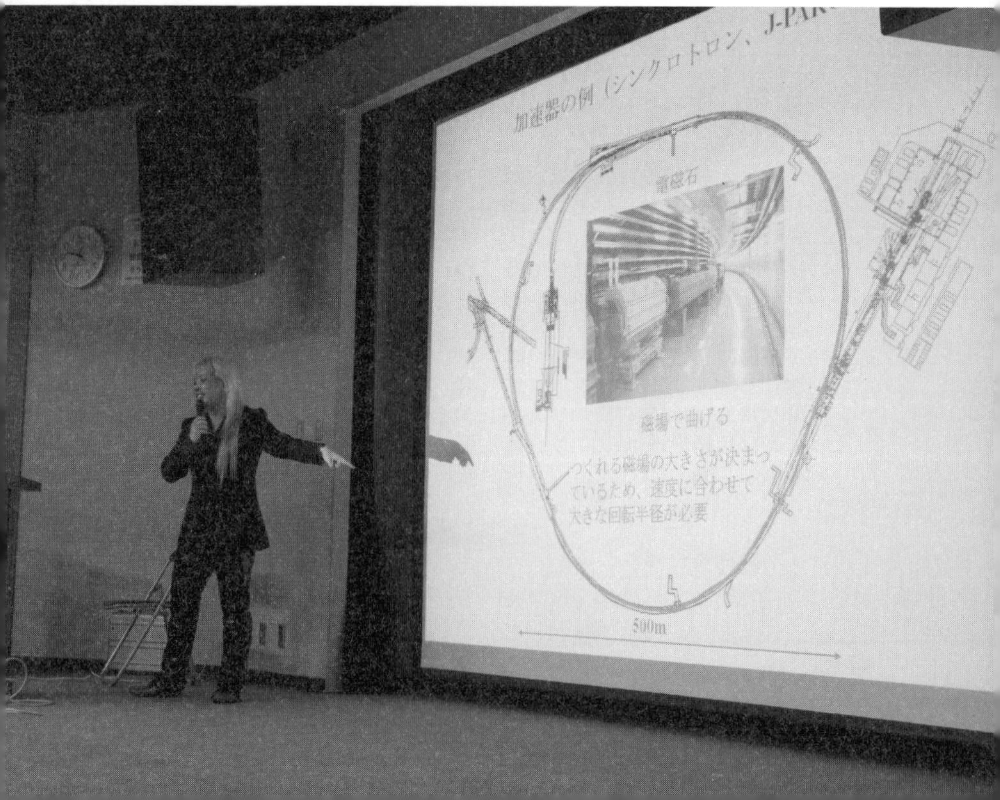
加速器の例（シンクロトロン、
磁場で曲げる
つくれる磁場の大きさが決まっているため、速度に合わせて大きな回転半径が必要
500m

第四章

為了100年後的世界而發展的物理學

與相對論和宇宙的關係

那麼我們就開始吧。今天是最後一次課程，照慣例，我想先從回答各位之前詢問的問題開始。

Q 兩把光劍互擊的時候真的會互相彈開嗎？

如果光劍就像它的名字一樣，是由「光」，也就是雷射構成的話，互擊時當然是不會彈開囉。

由於電漿與粒子束都帶有電荷，故如果光劍是電漿，或者是由粒子束構成，且互擊的兩把光劍帶的都是＋電荷或都是－電荷的話，那麼多少會有一些互相彈開的感覺，但並不會像電影那樣熱血地鏗鏗鏗對打，頂多互相放電滋滋作響而已，像電影那種對打是絕對不可能發生的事。

Q 若能碰到極光的話，會像是被雷打到一樣有觸電的感覺嗎？

極光是電漿的一種，帶有電荷，所以碰到的話的確會有觸電的感覺。不過雖然都叫做觸電，也可分為各種不同狀況。

舉例來說，碰到帶靜電的物體時也會有觸電的感覺。接觸到靜電時會啪一聲，讓人不由得「唉呦」叫出聲來，卻不是什麼會危及生命的事。其實靜電電壓相當大，日本的家庭用插座是100伏特（註3），靜電電壓卻可達到數千伏特，是插座的數十倍。那為什麼被靜電電到時不會死掉呢？因為電流很小。輸出功率是電壓與電流相乘的結果，如果電流非常小，那麼即使電壓很高也不會有事。

極光本身只是一片稀薄的氣體狀物體，電流很小。就算我們人類碰到，大概也不致被電死，只會有觸電的感覺而已。

Q 微中子是由什麼構成的呢？

目前我們還沒有發現比夸克與輕子更小的結構，也沒辦法在實驗中把它們打得更碎。雖然有一些理論試著解釋這些基本粒子是由什麼東西構成，但至今我們還無法證實這些理論。

所以目前我們還不曉得微中子是由什麼東西構成的。

註3：台灣的家庭用插座是110V或者是220V。

Q 為什麼當不同微中子的質量有差異時，會彼此影響產生變化呢？

我們在上一次的課程中省略了這段，不過既然被問到了，就試著來回答看看吧。之前我們說的是，如果微中子有質量的話，就會出現「微中子振盪」的現象，3種微中子會互相變來變去。那麼，為什麼會發生這種事呢？

第一個想到這件事的人，是在啪啪啪地把方程式導出來後，才提出這樣的理論。不過在這裡推導算式應該會很乏味吧，讓我們用直觀一點的想法來思考看看吧。

做為預備知識，首先我想先和各位談談所謂的量子力學，這個主宰著微觀世界的物理學。在微觀世界中，基本粒子在擁有粒子型態的同時，也具備波的型態。光也是這樣，可以視為粒子，也可視為波。我們可以把微中子想像成「粒子」，也可以想像成「像波一樣的東西」，這就是波粒二相性。正確來說，微中子平常是以類似波的型態存在，但在人們觀察它們的瞬間，就會變成粒子──這個性質非常不可思議，很難用我們一般的常識理解這個概念。

事實上，微中子不是只由1種波組成，而是由數種波重疊在一起組合而成。實際上是由3種波組成，不過這邊為了方便說明，讓我們把微中子想成是由2種波所組成的（圖59）。

圖59＊微中子振盪的概念說明

微中子是由數種波所組成

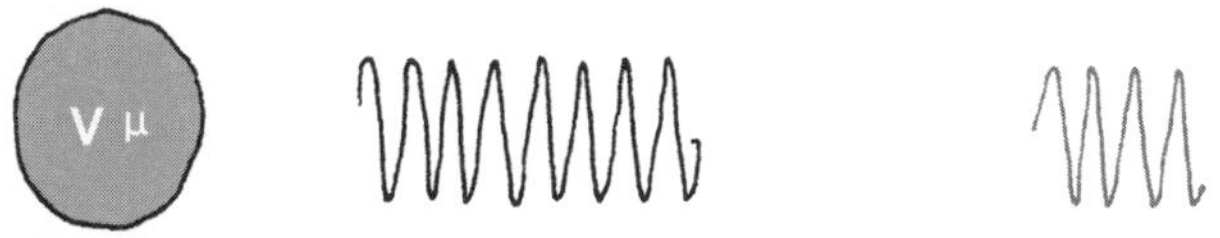

［緲微中子］以 2 ： 1 的比例混合

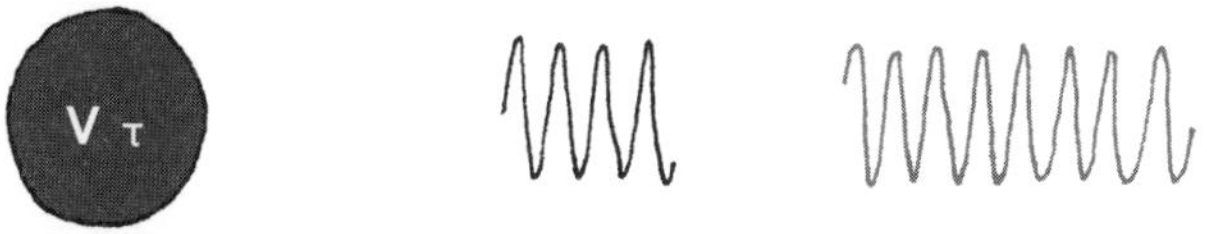

［陶微中子］以 1 ： 2 的比例混合。

內含同種類的波，比例卻不一樣。

能夠以波長表示質量 → 波長相同＝質量相同

$$\begin{pmatrix} |\nu_\mu\rangle \\ |\nu_\tau\rangle \end{pmatrix} = \begin{pmatrix} \cos\theta & -\sin\theta \\ \sin\theta & \cos\theta \end{pmatrix} \begin{pmatrix} |\nu_1\rangle \\ |\nu_2\rangle \end{pmatrix}$$

姑且寫出算式

首先是緲微中子。假設緲微中子是由黑色波與灰色波以2比1的比例混合而成；另一方面，假設陶微中子是黑色波與灰色波以1比2的比例混合而成。這2種微中子都含有黑色波與灰色波的成分，不過比例不一樣。順帶一提，我們的微中子振盪實驗，就是在研究這裡的「混合比例」到底是多少。

當我們把微中子當成波時，可以把波長想像成它的質量。波長就是從波峰到波峰的距離。當波長相同時，質量也一樣。我們會用下面這個方程式來表示「2個混合在一起的波」（圖59），不過不用特別記下來，只要知道我們的實驗目的是算出方程式中的θ就好。

假設微中子是由黑色波與灰色波2種波組成，若這2種重合的波的波長相同——曾學過「波」的相關課程應該知道——相同波長的波相加後，只有振幅（上下變動幅度）會變大，波長（從波峰到波峰的距離）本身並不會改變。也就是說，波長從頭到尾都相同，振幅也不會隨著時間而發生變化。若這是微中子的波形，那麼我們可以說「它永遠都是同一種微中子」，不會隨著時間的經過產生任何變化（圖60-❶）。

相對的，如果黑色波與灰色波的波長不同的話……。假設灰色波長比較長一些些。將波長不同的波疊在一起時，就會得到這樣的波。合成波的振幅會變化，也就是所謂的「拍頻現象（beat frequency）」（圖60-❷）。

若這些波形代表微中子，上半部較為單調的波永遠保持同樣的狀態＝「微中子的種

圖60＊構成微中子的2種波

❶將相同波長的波重疊時

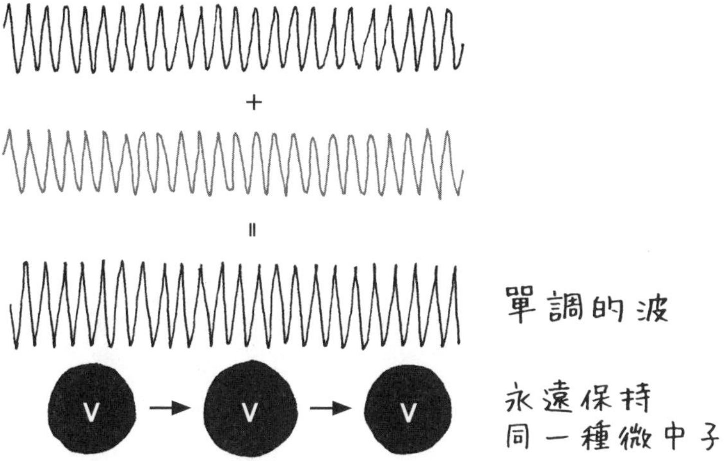

❷將不同波長的波重疊時

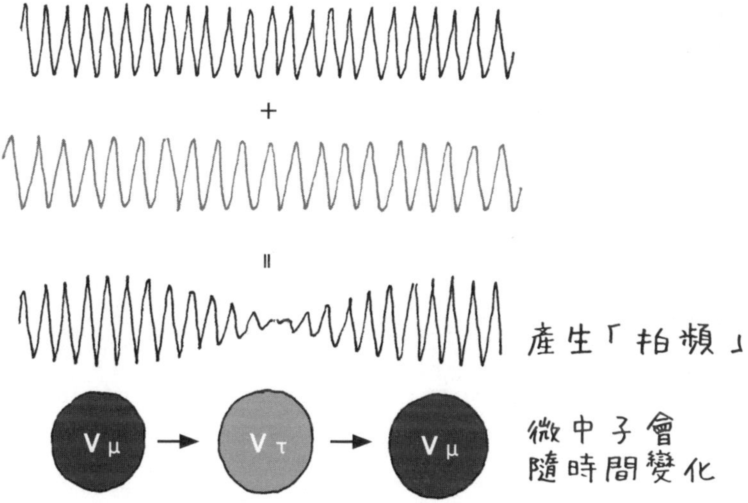

＝微中子振盪

類永遠不會改變」；而下半部的波則會隨著時間發生變化，而會產生所謂的「微中子振盪」現象。

在振幅最大時是緲微中子，振幅變成最小時會轉變成陶微中子，振幅再次變大時又會變回緲微中子。微中子就是像這樣隨著時間變來變去。試著想像看看會像這裡的波一樣變來變去的微中子，這就是微中子振盪。

之所以會有微中子振盪這種現象，可以想成是因為緲微中子的黑色波與灰色波比例是1：2混合，而陶微中子則是2：1混合。因為黑色波與灰色波的波長不同，所以緲微中子與陶微中子的波長不一樣，質量也不一樣。

可能你會問，如果我們在振幅剛好處於最大與最小的正中間時觀察微中子的話，看到的會是什麼狀態的微中子呢？事實上，當我們觀察的時候，只能看到振幅最大的狀態或振幅最小的狀態兩者之一，振幅在兩者之間的狀態不存在。只能是1或0。我只能回答說，觀測100次的話，有50次會看到緲微中子，另外50次會看到陶微中子。當我們啪一聲睜開眼睛時，只能看到這2種的其中1種。換個方式來說，如果在振幅最大時觀察，會有100%的機率看到緲微中子，在這個時候觀察的話則是90%，然後是80%……依此類推，到中間這個振幅最低的地方，則會有100%的機率看到陶微中子。不同大小的振幅，代表不同的機率分布，這就是量子力學的世界。

下一個問題，

Q 藉由光觀測天體與藉由微中子觀測天體有什麼不一樣呢？

上次提到了首次使用微中子來觀測天體的例子。微中子有許多與光不同的性質，所以微中子天文學有許多很特別的地方，以下就來介紹一個最簡單的例子。不過這只是其中一個例子而已喔。

微中子幾乎不會與其他任何物質反應，而且非常輕、非常小，幾乎沒有任何反應性。這就是微中子的特徵。

至於光——光（電磁波）會與幾乎所有東西反應——太陽內部產生的光會馬上被內部的其他東西吸收，跑不到太陽外面。因此我們平常看到的太陽光，只有從太陽表面發出來的光而已。我們看到的太陽是黃色的，但事實上太陽只有表面是黃色，內部絕對不是黃色。

微中子就不一樣了。微中子幾乎不會與其他物質反應。太陽核心製造出微中子後，這些微中子會直接穿過太陽本體，抵達我們的周圍，所以太陽內部的資訊會透過微中子毫無保留的發射。使我們得以藉由微中子觀測太陽內部的狀況。

Q 可以從日本發射微中子束至美國或歐洲的探測器嗎？可以把微中子束射到巴西嗎？距離的極限大概是多少呢？

現在的加速器大小可達好幾公里，是相當巨大的儀器，沒辦法任意改變方向。因此就算我們想往美國發射粒子束，也沒辦法轉向。J-PARC的微中子砲是世界唯一可以改變方向的加速器，但也只能改變正負0.5度左右，沒辦法改變太多。

因為巴西和日本分別在地球的兩端，如果想把微中子射到巴西的話，就得朝著正下方發射微中子，這當然是辦不到的事。

不過請各位看看這張圖（圖61）。

從東海村（J-PARC）朝著神岡發射粒子束時，粒子束會逐漸擴張，神岡以外的部分也會被粒子束打到。由於微中子會直接通過幾乎所有的物體，所以只要有檢出器的話，應該都測得出來。

這裡有個名為隱岐島的小島。

隱岐島剛好位於東海村與神岡的延伸線上，這就真的只是偶然了。目前確實也有在隱岐島設置檢出器的計畫，科學家們想試著比較神岡的檢出結果與隱岐島的檢出結果。

圖61＊微中子束的軌道

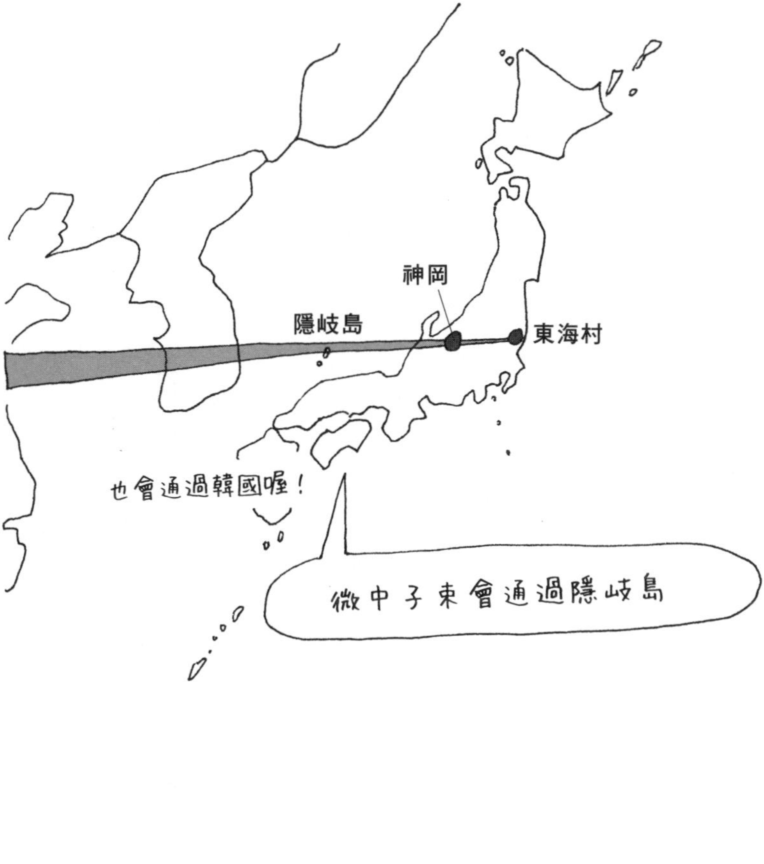
神岡
隱岐島
東海村
也會通過韓國喔！
微中子束會通過隱岐島

此外，韓國也有類似的計畫。從地圖看起來，粒子束也會通過韓國對吧。這麼一來，韓國只要坐著等微中子飛過來就好了。我們可是花了1500億日圓建造加速器，每年還要花50億日圓的電費才能射出粒子束耶（笑）。

總之，只要在粒子束前進的途徑上設置檢出器就可以進行實驗囉。不過，韓國的檢出器一定得設在地面上（因為地球是圓的），如此一來，來自空中的放射線就不會被地層遮蔽，使背景輻射（雜訊）增加。

有人會問「距離拉長有什麼優點嗎？」如果只是單純把距離拉長的話沒有太大意義，不過在不同距離同時探測就有很重要的意義了。

就像我們剛才提到的微中子振盪一樣，一種微中子會轉變成其他種類的微中子，然後再變回原本的微中子。如果設置數個檢出器，不僅可以觀察到射出的微中子轉變成其他種類的微中子，還有可能看到它再轉變回原本的微中子，也就是或許可以觀察到振、盪的情況。

Q 除了水以外，有沒有其他方法可以探測到微中子呢？

如前所述，只要是透明的東西就可以用來探測微中子。這個裝置（圖62）叫做微中子監控器，之前的課程中沒有拿給大家看，但其實這個裝置就放在J-PARC的粒子

圖62＊微中子監控器

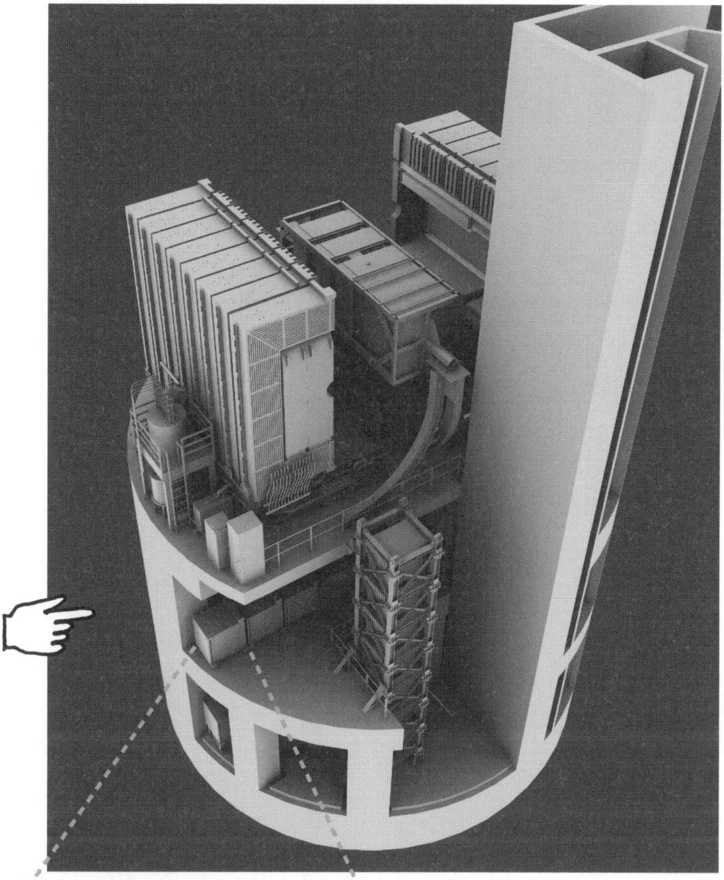

©T2K collaboration

用層層塑膠薄片
偵測微中子的存在！

束出口處，也是一個檢出器。這個檢出器可以在微中子飛抵神岡之前攔截部分的微中子，確認射出來的是哪一種微中子。

這些塊狀的部分（圖62☞）全都是為了捕捉微中子用的檢出器，把檢出器放大後的圖如下，內部有許多由塑膠條排列成的一層層平面，名為追蹤平面，外面再用鐵板包裹起來。

上一次我們提到，法國的檢出器並不是水，而是液體閃爍體探測器，而這裡的微中子監控器用的則是固體閃爍體探測器，是由塑膠製成的。總之，用水以外的東西也可以探測到微中子。

或許你會想，神岡探測器得建得那麼大才能捕捉到微中子，那麼這裡的微中子監控器做那麼小真的捕捉得到微中子嗎？當然是可以的，理由也很簡單。因為這個監控器就位於粒子束的出口，剛發射的粒子束還沒擴張開來就直接打在上面，故密度非常高，很容易偵測到。單純就是這樣而已。

就像之前所說的，神岡探測器之所以會用水來探測是因為比較便宜。用塑膠的話要花費不少錢，所以做不了太大的探測器。

Q 超級神岡探測器裡面的水有必要使用純水嗎？用自來水的話不行嗎？

不行。自來水裡面溶有各式各樣的溶質，像是氯氣之類的東西，不過問題最大的是輻射物質，也就是所謂的背景輻射。

或許各位會認為平常生活中不會接觸到輻射線，但事實上我們每天都暴露在輻射線下喔。自然界中就存在著一定的輻射線。

要是檢出器裡面含有放射性物質的話，這些放射性物質會任意放射出電子或其他輻射。原本設置檢出器的目的是觀察從東海村發射的微中子（打到中子後所放出的帶電粒子），自來水裡的其他電子卻會造成雜訊。

因此，我們會以過濾器過濾自來水，再用離子交換樹脂去除多餘的離子，使其變成純水，也就是無限趨近於純粹的H_2O，再注入神岡探測器內。

Q 將光打在光電倍增管上時就會產生電流，這和太陽能板不是很像嗎？

一開始的原理是一樣的。上上次上課時也有提到，當我們把能量施加於原子上時，獲得能量的電子會被彈飛。這個原理又叫做光電效應，太陽能板與光電倍增管都有

圖63＊光電倍增管與太陽能板相同嗎？

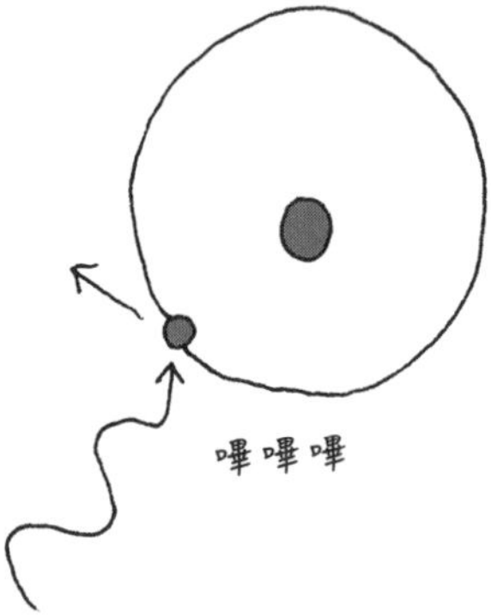

原理相同。
都是把能量施加於原子上，
將電子彈飛＝產生電流。

不過之後的過程不同。

用到這個原理。不過在電子飛出來之後就不同了。

首先是太陽能電池，如圖（圖63-❶）。電子飛出原子後，就會開始移動形成電流。所謂的電流，指的就是電子的流動。

在光電倍增管內，一開始光會打到電極（圖63-❷）。電子便會從電極飛出，且會在周圍的電壓下加速。加速後電子的能量也隨之提升，並打到第二個電極。藉由這股衝擊，第二個電極會飛出更多的電子，數量比從第一個電極飛出，並被加速的電子數量更多，這些電子再經過電壓加速，打到第三個電極；第三個電極又會飛出更多電子，再經過加速……依此類推，使飛出的電子愈來愈多。

因為我們要用一個那麼大的水槽捕捉那麼微弱的光，所以必須以這種裝置將小小

❶太陽能電池的情況

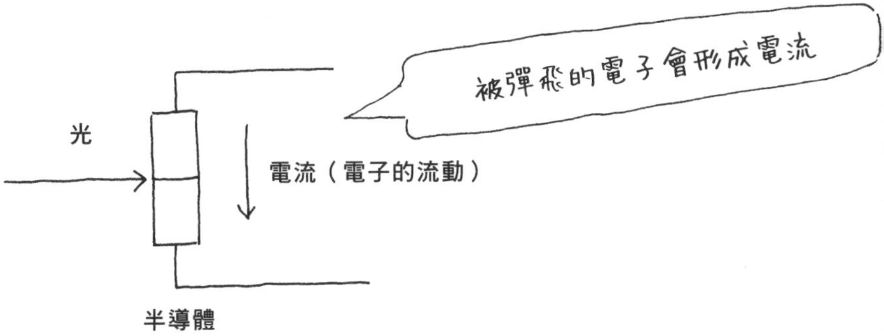
被彈飛的電子會形成電流
光
電流（電子的流動）
半導體

❷光電倍增管的情況

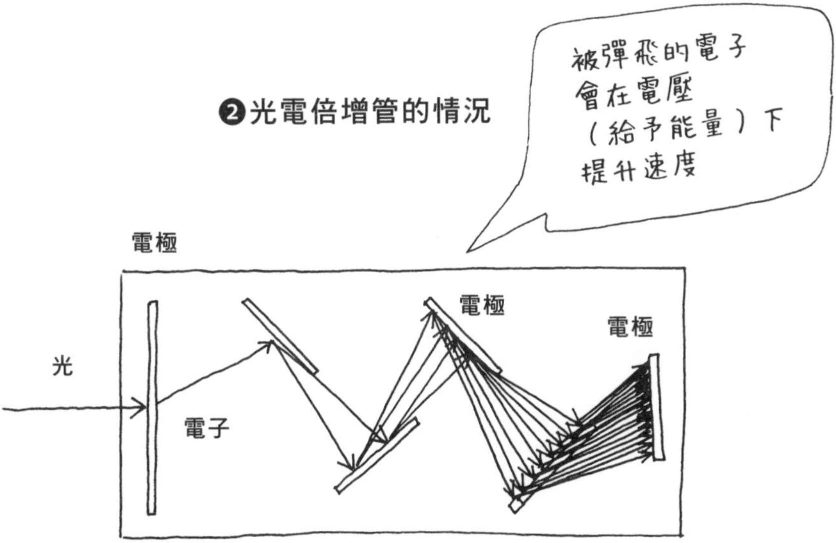
被彈飛的電子
會在電壓
（給予能量）下
提升速度
電極
光
電子
電極
電極

當電子撞擊到電極時，這些被電壓提升能量的電子，
將可以打出比之前更多的電子。

的光訊號增幅才觀測得到。

好的，問答時間先在這裡告一段落，進入今天的主題吧。

在上次與上上次的課程中，我們有提到左頁這張表。表中列出了目前我們所知的基本粒子，也就是組成物質的最小粒子。這些基本粒子大致上可分為夸克與輕子兩大類。

上次課程中我們已說明了表中微中子（下排3種粒子）的特性，這次課程將會進一步說明包括夸克在內的基本粒子整體特性。

力是什麼呢？

這張表中顯示出各種粒子分別會受到哪些力的影響。那麼「受到力的影響」究竟是什麼意思呢？

也有同學提出「強交互作用是如何運作的呢？」這樣的問題。嗯，所謂的力，究竟是如何運作的呢？

舉例來說，假設這裡有1個帶正電的東西與1個帶負電的東西。那麼這2個東西就會彼此吸引，即使兩者之間什麼都沒有。不覺得這很不可思議嗎？

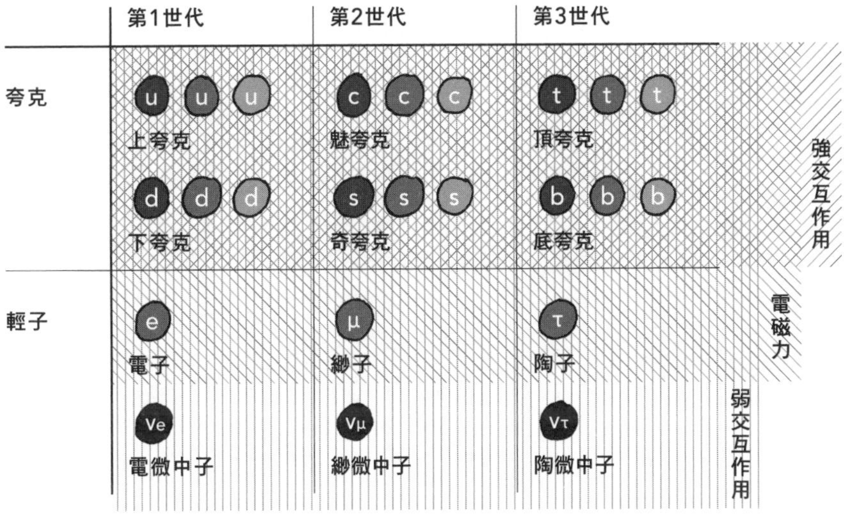
第1世代
第2世代
第3世代
夸克
u u u
上夸克
c c c
魅夸克
t t t
頂夸克
d d d
下夸克
s s s
奇夸克
b b b
底夸克
輕子
e
電子
μ
緲子
τ
陶子
νe
電微中子
νμ
緲微中子
ντ
陶微中子
強交互作用
電磁力
弱交互作用

一般來說若要對某個東西施力，一定要直接接觸這個東西才行不是嗎？明明和物體有一段距離，卻能夠在不碰觸到該物體的狀態下對它施力，不覺得這樣很不可思議嗎？根本就是超能力吧。

如果用電影裡的方式表現什麼是力的話，應該會像這樣（圖64）。

好像有什麼東西劈哩劈哩地跑出來對吧（笑）。要是沒有這些劈哩、劈哩、的東西、，力就無法作用囉。覺得很難以置信嗎？學校裡的老師可能會說「力不需要接觸就能作用」。可別被他們騙囉。

過去曾有個物理學家說「這樣很奇怪耶」，「中間沒有任何東西，力怎麼可能有辦法作用呢？」」這個人就是湯川秀樹，可以說是日本最有名的物理學者吧。

湯川秀樹認為，力在發揮作用時，一定會產生這個劈哩劈哩的東西——也就是做為媒介的粒子。

某方（譬如說＋電荷）會將媒介粒子丟出去，然後另一方（－電荷）會接到這個媒介粒子。接著－電荷又會將媒介粒子丟出去，再由＋接下。2個粒子就像這樣，藉由媒介粒子的傳接球維持住力的作用。湯川秀樹認為，這應該就是力的傳遞方式（圖65）。「介子論」就是將這套方法應用在強交互作用上的產物。

在提出該理論的12年後，也就是1947年時，科學家們證明了這種介子真的存在。這表示所謂的力並不是從遠處突然產生、發生作用的，而是由某個粒子傳遞這種力

圖64＊力的表現圖

圖65＊力的作用原理

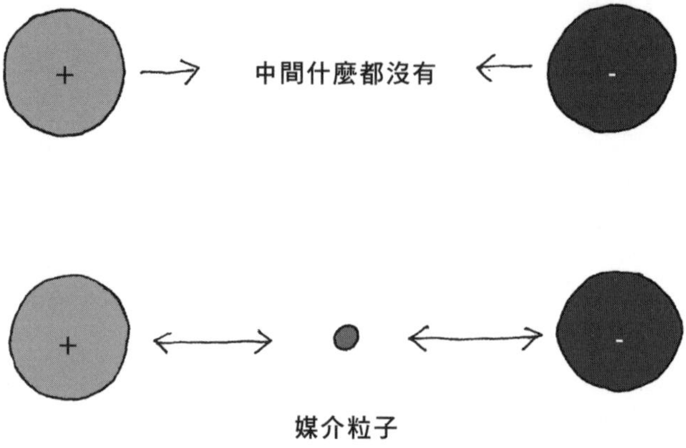

2個粒子會將媒介粒子
像傳接球般丟來丟去，
藉此產生作用力

湯川秀樹

不同力的媒介粒子也不一樣。

電磁力：光（光子）
強交互作用：膠子
弱交互作用：弱玻色子
重力：重力子

的作用。湯川秀樹的這個理論，讓他獲得了日本的第一個諾貝爾獎。

電磁力的媒介粒子就是「光」。粒子間會藉由送出光子與接收光子產生電磁力。強交互作用的媒介粒子是一種名為「膠子」的粒子；弱交互作用的媒介粒子是一種名為「弱玻色子」（W and Z bosons）的粒子；重力的媒介粒子則是一種名為「重力子」的粒子（這種粒子還沒被證實，目前還只是假說上的粒子）。

順帶一提，強交互作用的媒介粒子「膠子（gluon）」在英文中是「膠水（glue）」的意思。強交互作用就像是膠水般（的粒子），把相關粒子緊緊黏在一起。

之前也有提到，我們無法將夸克單獨取出。在強交互作用的影響下，我們只會得到一堆奇怪的碎片。這就像當我們想把用膠水黏緊緊的東西硬是拔開時，原本的連接處一定會有殘膠一樣，沒辦法把它們漂亮地分開。這樣的比喻很好想像吧。

那麼，接著就來看看膠子與弱玻色子是用什麼方式傳接球，以產生作用力的吧。

再來這是剛才也有提到的問題。

Q 強交互作用是如何運作的呢？同樣色荷的粒子會彼此吸引嗎？要是用加速器的話，可以把它們打成更小的粒子嗎？

關於這個問題，先讓我們來看看這2個上夸克（圖66☜）。

圖66＊強交互作用是用什麼方式運作的呢？

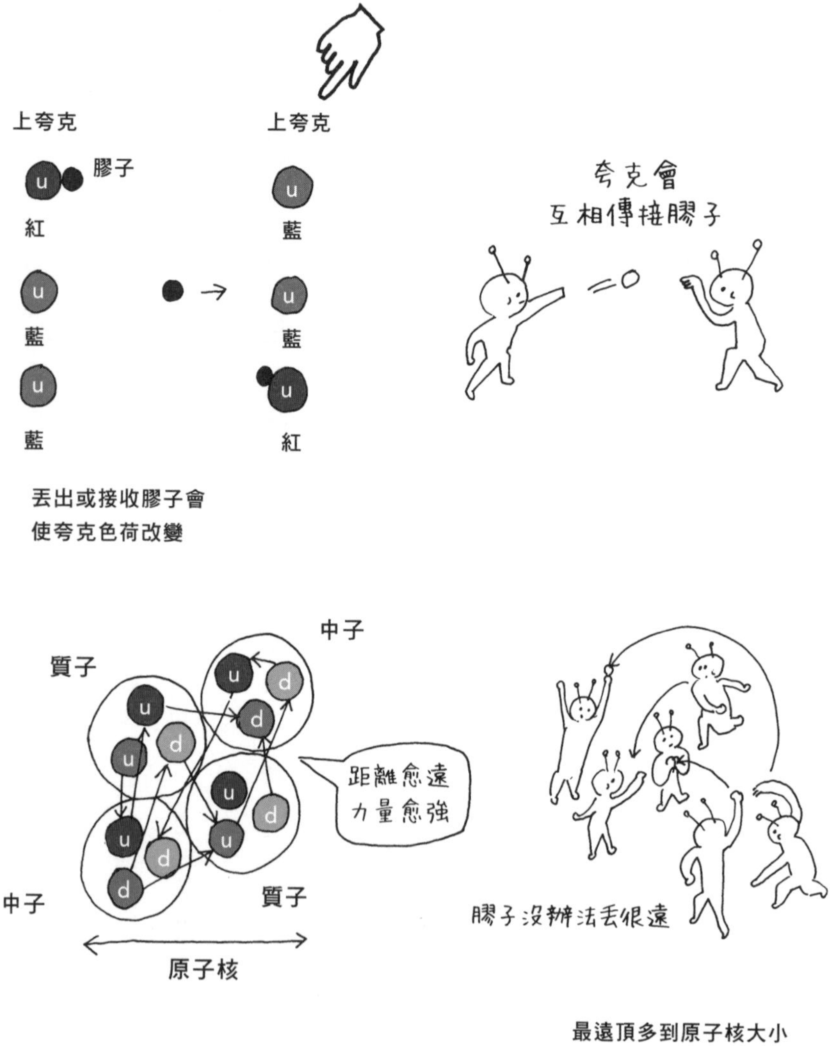

它們分別是紅色上夸克與藍色上夸克。紅色上夸克擁有膠子，並會將其丟給藍色上夸克。丟出去後，紅色上夸克就會變成藍色。相對的，接到膠子的藍色上夸克就會轉為紅色。2個夸克互丟膠子並改變色荷，就像在傳接球一樣。這就是「強交互作用」的運作模式。

強交互作用常被比喻成彈簧。因為這真的和彈簧很像。

就電磁力和重力而言，當2個物體距離愈近時，物體之間的力量就愈大；距離愈遠時，力量就愈小。就像在傳接球一樣，距離愈遠就愈不容易接到球。距離愈遠，力量就愈難觸及受力對象。這樣的想法聽起來還滿合理的。但強交互作用剛好相反，距離愈遠，力量反而愈強。

彈簧拉得愈長，兩端距離愈遠，產生的力量就愈強；若沒拉到那麼長的話，力量就會很小。這種特性和強交互作用很像。

如其名所示，強交互作用的強度約為電磁力的1000倍，真的有夠強。或許你會問，既然強交互作用那麼強的話，為什麼不用在加速器上呢？我們在第1次上課時有提到，加速器是利用電磁力使粒子轉彎或加速。既然強交互作用是電磁力的1000倍，不就可以製作出效率更強、體積更小的加速器了嗎？

事實上，這個強交互作用有個很大的缺點。

那就是有效距離非常短。在夸克互相傳接膠子時，沒辦法把膠子丟得很遠，頂多只能丟到原子核大小的距離，也就是10的負15次方公尺左右。膠子只能在這個距離內被丟來丟去，要是超過這個距離的話，彈簧就會斷掉（圖66）。

因此，在我們人類可以處理的尺度下，沒辦法有效運用這種力量。

仔細看「弱交互作用」會發現……

接著就來看看弱交互作用吧。上上次的課程中我們有聊過中子的壽命對吧。把中子放著不管，經過15分鐘之後就會自行衰變，變成質子、電子、微中子。這種「讓粒子衰變的力」就叫做弱交互作用。

然後我們還提到了質子與中子的內容物，大概就像這樣。

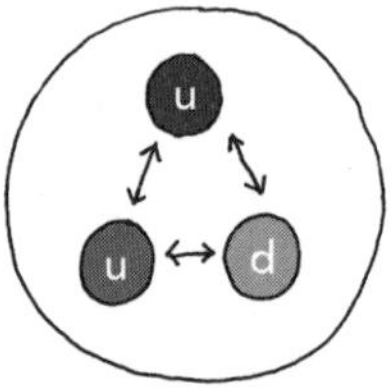

質子

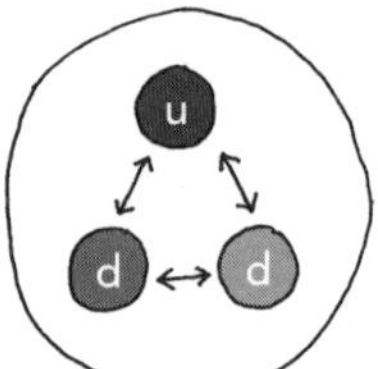

中子

質子是由2個上夸克（u）與1個下夸克（d）組成；中子是由1個上夸克（u）與2個下夸克（d）組成。乍看之下，質子與中子是完全不同的東西，但當我們仔細看它們的內容物時，會發現3個夸克只有1個不一樣，其他2個都一模一樣。

因此，表面上看起來是中子衰變成質子（圖67☜），好像整個換了一個樣子。但你也可以把這個衰變過程看成是3個夸克中的1個夸克從下夸克變成上夸克。換句話說，弱交互作用也可說是「將下夸克轉變成上夸克的力」（圖67☜）。

不是傳接球而是單方面狂丟球

剛才我有提到，所謂的力，是將做為媒介的某種粒子拿來互丟所產生的現象。也就是說需要一個會劈哩劈哩的東西來當作媒介粒子。在弱交互作用中，這種粒子叫做「弱玻色子」。

當下夸克轉變成上夸克時，會丟出一個叫做弱玻色子的粒子。不過在弱交互作用中，只會單方面丟出媒介粒子，而不會讓媒介粒子在2個粒子間丟來丟去⋯⋯。

這裡的弱玻色子會馬上衰變成電子與微中子（圖67☛）。

弱玻色子的壽命非常短，且作用距離只有10的負18次方公尺，大約是原子核大小的1000分之1，非常難以觀測。人類竭盡全力，也只能大略掌握中子、質子、微中

圖67＊弱交互作用＝使粒子衰變的力

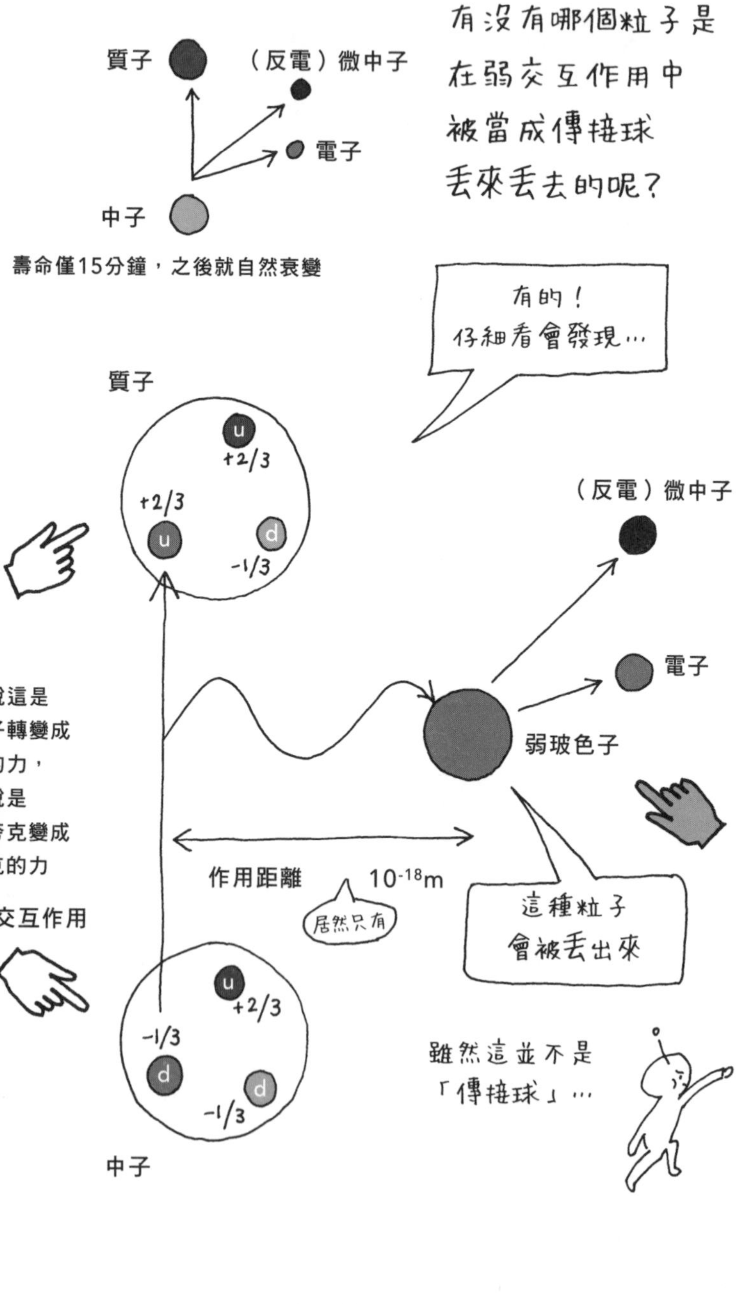

子、電子等4種粒子的關係而已，一般來說不會注意到弱玻色子。要是沒有特別去研究弱玻色子，甚至連它是否存在都不知道。

不過在基本粒子的世界中，弱玻色子會短暫出現一陣子。做為弱交互作用中，會劈哩、劈哩、劈哩的東西而確實地存在。

這個理論是在1968年時被提出來的。之後再經過15年，於1983年時，人們才首次觀測到弱玻色子，可見這是個非常難以觀測的粒子。

T2K實驗中會如何應用弱交互作用呢？

還記得我們之前講過神岡探測器捕捉微中子的方法嗎？

由J-PARC產生的微中子會撞擊水槽內的中子，藉由弱交互作用使中子衰變，釋放出質子與電子。飛出來的電子會發出契忍可夫輻射，我們再去偵測這個契忍可夫輻射。那時我們一直在說明中提到「利用弱交互作用」觀察中子衰變，卻沒有詳細解釋這是怎麼回事，這個過程的原理是這樣的（圖68）。

微中子撞擊的並不是中子。仔細一看會發現，在撞上前的一瞬間，微中子會捕捉到由中子釋放出來的弱玻色子，形成電子。

從遠處觀察時看不到弱玻色子，只會看到微中子撞擊到中子。但嚴格來說，其實

圖68＊神岡探測器捕捉微中子的方式

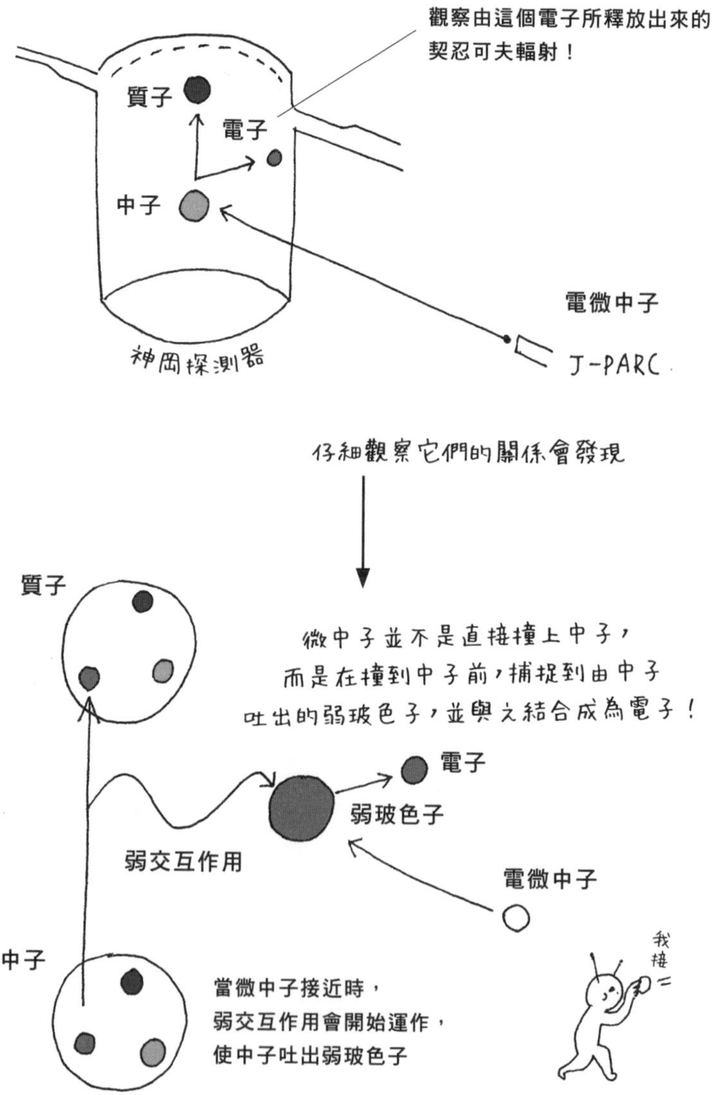

是在微中子接近中子時，中子會吐出弱玻色子，微中子再與這個弱玻色子結合，形成電子。中子則在吐出弱玻色子後成為質子。

所謂的「利用弱交互作用」就是這麼回事。若從遠處觀望，會覺得「完全感覺不到弱交互作用有在運作」；但仔細一看，會發現確實有弱玻色子這個媒介粒子參與反應，確實有弱交互作用參與其中。量子力學還真是個神奇的世界。

以能量製造出粒子

這裡讓我們來思考一下「這個名為弱玻色子的粒子，究竟是從哪裡跑出來的呢？」。中子內僅含有3個夸克，那麼弱玻色子又是從哪裡冒出來的呢？

我們在第1次上課時曾提到，要得到粒子，可以把某個較大的東西破壞後取出。可是這個粒子（中子）內原本並沒有弱玻色子這種東西。如果原本中子內就不存在這種粒子，那麼它又是從哪裡冒出來的呢？

事實上，這就是我今天想講的主體。物理學的世界中

> **能量與質量是等價的物理量**

$$E = mc^2$$

能量　　質量　光速

能量與質量是等價的物理量

阿爾伯特・愛因斯坦

這是非常根本的原理。$E=mc^2$是很有名的等式，E是能量，m是質量，c是光速。如同這條等式所述，質量只要乘上一個係數（c這個係數），就可以視為能量。提出這條式子的是阿爾伯特・愛因斯坦（Albert Einstein）。這是個非常重要的概念。

夸克漂浮在由能量組成的高質量濃湯內

質子與中子藉由強交互作用結合。各個夸克將膠子丟來丟去，藉此連結在一起。剛才也有提到，強交互作用就像是彈簧一樣，有時縮短，有時伸長（P238圖66）。

物質內「有力量在作用」，就表示該物質帶有能量，也就是所謂的位能（英文寫做potential energy）。各位可以想像彈簧內累積了某些能量。

而且從後來的研究也明白到，由於這些夸克會以彈簧（強交互作用）拉著彼此，所以夸克本身也會晃來晃去。也就是說，夸克並不是只有用彈簧連著而已，還會振動。因為在振動，所以夸克也有動能。

也就是說，乍看之下質子與中子內有許多粒子（夸克）靜靜地漂浮著，但事實上，在眼睛看不到的地方，還有位能（結合能）與動能這2種能量包含其中。

基本粒子的質量到底是多少呢？我們上次上課時也有講到這個（圖69☜），還記得嗎？

圖69＊基本粒子的質量是多少？

重子

質子	938MeV
中子	940MeV

夸克

上夸克	1.7～3.3MeV
下夸克	4.1～5.8MeV

中子內含有
1個上夸克與
2個下夸克。
加起來仍
遠小於940 MeV

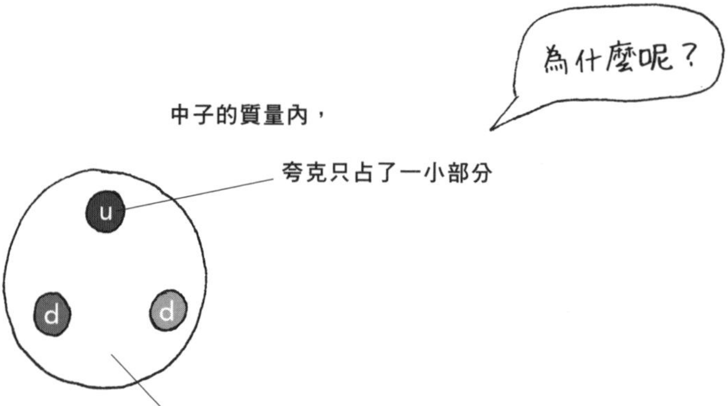
大部分都是質量以外的能量

若有多餘能量，
就有可能製造出原本不存在的粒子！

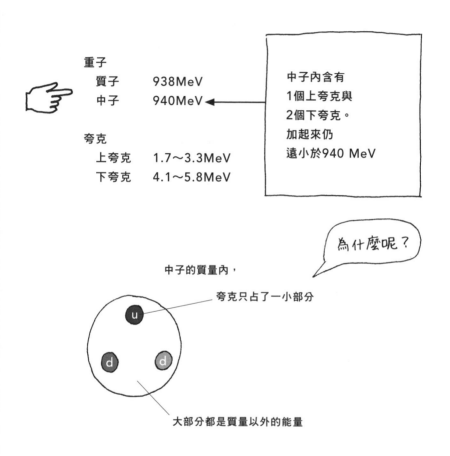

看到這張表時你可能覺得很奇怪。舉例來說，中子由3個夸克所組成，但當我們把這3個夸克的質量加起來後，卻無法得到940MeV對吧？上夸克（u）的質量為3.3MeV，下夸克（d）的質量為5.8MeV，1個u和2個d加起來的質量也只有15MeV左右，怎麼想都不可能變成940MeV。不覺得這很奇怪嗎？雖然好像也沒有人問到這個問題啦……。

為什麼會這樣呢？其實剛才也有解釋到。也就是說，中子內（夸克與夸克間）累積了一定的結合能與動能。夸克質量只占了中子質量的一小部分，中子質量大部分是由能量所組成的濃湯。由於能量與質量是等價的物理量，才會有這樣的機制。

出現瞬間就消失的弱玻色子，其質量卻大得不可思議

讓我們回到這張圖上吧（P250圖70）。

就像我剛才所提到的，中子內只有上夸克與下夸克而已，沒有電子，也沒有微中子。但因為中子內有著含大量能量的濃湯，所以可以任意製造出新的粒子。

確實，中子質量是940MeV，質子是938MeV。只差了2MeV，故可以用這2MeV的能量製作出電子與微中子。這樣子就會符合能量平衡的原則了吧。可喜可賀可喜可賀，但事情沒有那麼簡單……。

圖70＊如果試著測量弱玻色子的質量……

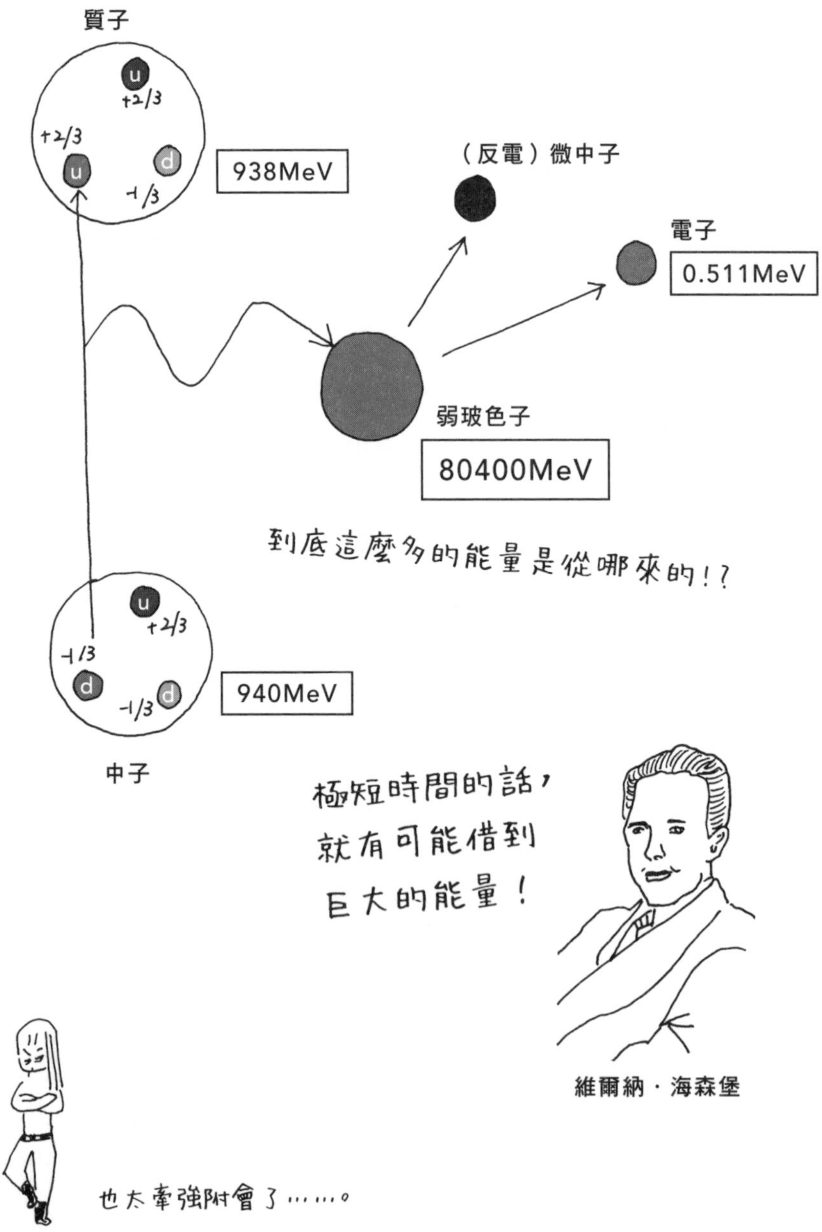

科學家們發生了一件讓人難以理解的事。

我們剛才提到，中子會先釋放出弱玻色子，這個弱玻色子會再轉變成電子與微中子。當我們試著測量這個弱玻色子的質量時，發現它居然高達80GeV（80400MeV）。這質量真是重得不可思議。

這能量完全平衡不了吧。原本全部加起來才940MeV而已，要怎麼突然生出一個80GeV的粒子呢？明明要是沒有發現弱玻色子的話就能夠平衡了……。而且那麼重的東西居然在出現後馬上就消失了……怎麼會這樣呢？真是莫名其妙。

只有量子力學的領域才會發生這種事。其實是這樣，重點在於弱玻色子是一種「作用距離非常短的粒子」。「距離非常短」與「時間非常短」在這裡是同樣的意思。持續時間很短，在一瞬間內發生的事。在量子力學中，有著

如果時間尺度很小的話，即使突然有巨大能量出現
也不會違反物理定律

這樣的原則。提出這個原則的人，就是維爾納·海森堡（Werner Heisenberg）。他在26歲時就提出了量子力學中最為基礎的原理——測不準原理，並在31歲時獲得諾貝爾獎，是一個非常厲害的天才。

聽起來很牽強附會，但量子力學真的就是這樣，這種事確實會發生。原本明明只有940MeV，卻能夠在短時間內不知道從哪裡借來原本不存在的80400MeV（80GeV）。這種現象還真的是莫名其妙，但這種莫名其妙的原理還真的存在。

一位很有名的老師在他寫的基本粒子相關書籍中，把這形容成「如果時間很短的話，就可以借得到巨額資金」。這種描述方式真是貼切。

為什麼人類沒辦法實際感受到強交互作用與弱交互作用呢？

這裡讓我們稍微整理一下吧。世界上有4種力（圖71）。若將強作用力的強度當作1，那麼其他3種力的強度便如表中所示。電磁力是強交互作用的1000分之1；弱交互作用是強交互作用的10萬分之1，真的弱到不行對吧。不過重力更弱，是強交互作用的10的39次方分之1，毫無疑問是最弱的力。

以作用距離來說，電磁力與重力的作用距離可達無限遠處。在各位平常生活的巨觀世界、以公尺為尺度的世界中，雖然可以感覺得到電磁力與重力，但強交互作用與弱交互作用只有在極短的距離才能產生作用。強交互作用的作用距離大約與原子核差不多大，弱交互作用甚至只有強交互作用的1000分之1。

以發現者來說，最早被發現的是重力，發現者是艾薩克·牛頓（Isaac Newton）。強

圖71＊力的一覽

	重力	弱交互作用	電磁力	強交互作用
來源	質量	弱荷	電荷	色荷
媒介粒子	重力子（graviton）	弱玻色子（W and Z bosons）	光子（photon）	膠子（gluon）
強度	10^{-39}	10^{-5}	10^{-3}	1
作用距離	無限	10^{-18}m	無限	10^{-15}m
發現年份	1665	1933	1864	1935
發現者	艾薩克．牛頓	恩里科．費米	詹姆斯．克拉克．馬克士威	湯川秀樹

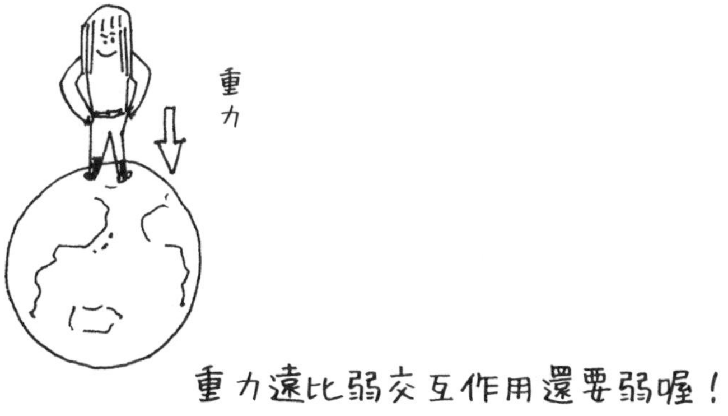

交互作用的發現者是湯川秀樹，他可以說是日本人的驕傲。弱交互作用的發現者是義大利人恩里科．費米，他也是微中子的命名者。電磁力的原理則是由詹姆斯．克拉克．馬克士威（James Clerk Maxwell）在19世紀時整理而成。

有人問，

Q 當微中子穿過地球的時候，會不會受到重力影響呢？

如同各位在這張表中所看到的，重力非常非常弱，只有弱交互作用的10的34次方分之1而已，故可無視重力的影響。

請各位再回想一下剛才提到的「能量與質量是等價的物理量」這件事，也就是$E=mc^2$這個公式。

就像剛才所提到的弱玻色子一樣，新的粒子可以無緣無故地從任何一種能量中誕生——不管是動能還是位能都可以。科學家們也確實從實驗中確認到了「粒子可以從能量中誕生」這個現象。

最容易處理的能量是光。世界上到處都有光、光的壽命無限，而且要製造光也不是件難事。其實像γ射線這種極強的光（能量）在行進時，就會自己產生粒子，「電子」與「正電子」會突然從光中誕生（圖72）。

當然，光裡面什麼都沒有。「光是由電子與正電子組成的」這種想法並不正確。粒子是從能量中無緣無故誕生的。也就是說，「愛因斯坦說的都是真的」，質量和能量是同一種東西，$E=mc^2$是真的。

能量在轉變成電子時，一定會同時出現2個成對的粒子。而與這裡的電子成對出現的就是「正電子」，也就是所謂的「反物質」。因為這種東西與一般物質成對，故稱之為反物質。

如果「能量與質量是等價的物理量」是正確的，且物質可以從能量中無緣無故誕生，那麼反過來說，物質應該也有辦法轉變成能量才對。實際嘗試之後，發現確實如此。當電子與正電子撞在一起時，會互相湮滅，只剩下能量。

兩者一定會一起出現，且當兩者接觸時會啪地一聲消滅。這其實非常危險，如果各位接觸到正電子，正電子便會與各位身體上的電子產生反應，轉變成能量，使身體消滅。

再來是這個問題。

圖72＊能量與物質

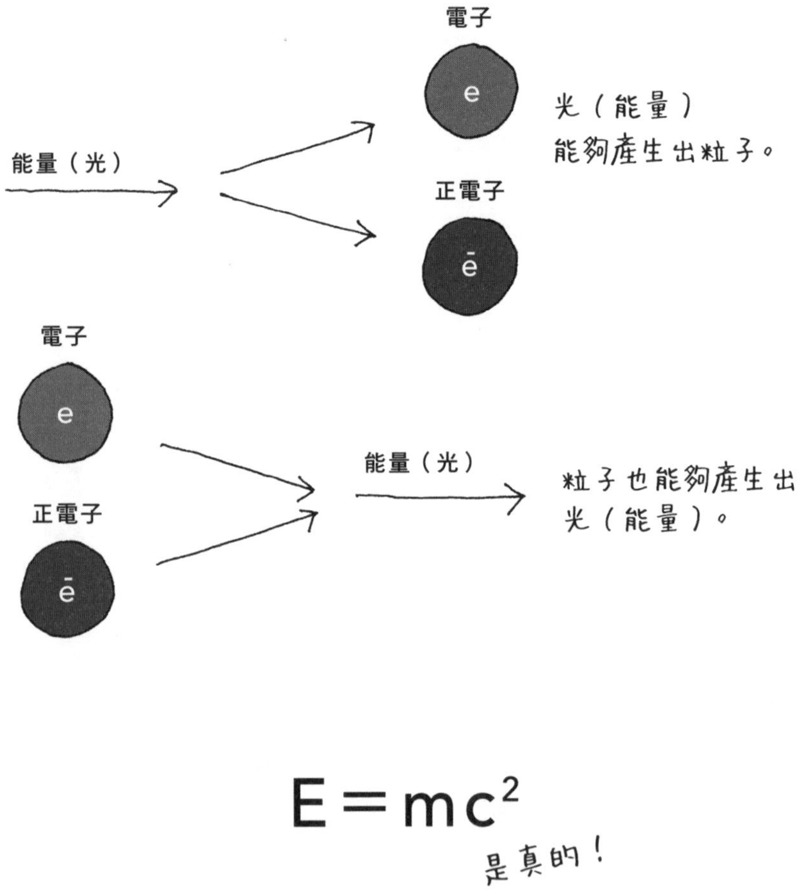

Q《福音戰士》中的陽電子砲有辦法做得出來嗎？

Q《天使與魔鬼》裡的反質子炸彈真的做得出來嗎？

陽電子砲與反質子炸彈兩者都是用反物質製成的，所以這2個問題我就一起回答吧。

「陽電子」就是我們前面提到的正電子。相對於電子（帶負電），正電子則是帶正電的電子。敵人的組成物質中一定有電子，所以當我們把正電子打向敵人時，電子與正電子就會互相湮滅。

事實上，高能研也有在製造正電子。除了正電子外，也有在製造反質子（質子的反物質）。那麼我們就來看看這2個東西是不是真的可以當作兵器來使用吧。

《福音戰士》中有一場戰鬥叫做屋島作戰不是嗎？那個作戰真的很驚人，主角們將全日本的總電力用來製造正電子，再把它打出去。在用電量最大的夏季白天，日本的總電量是180十億瓦（GW, Giga Watt）。

J-PARC在100百萬瓦（MW）的電力下，每秒可製造出1000兆個微中子。讓我們試著想想看，若我們能用同樣的效率製造正電子射向敵人，可以達到多大的輸出。事實上高能研確實有在做電子與正電子的撞擊實驗，要大量產生正電子並不是難事。

當正電子打到敵人身體上的電子時，便會轉變成與質量相等的能量。電子與正電子的質量皆為0.5百萬電子伏特（MeV），所以一對互相湮滅的電子與正電子應可產生1MeV的能量，這樣的能量應該有辦法給敵人帶來傷害才對。

「屋島作戰」真的有用嗎？

這個是將1MeV轉換成焦耳（J）的換算係數（圖73☜）。

在100MW下，每秒可以製造1000兆個微中子。如果改用180GW的話，產量就會變成1800倍，製造出來的正電子則可產生0.3MW的能量。

J-PARC的質子束為1MW（世界最強），鋼彈的粒子束槍的輸出是1.875MW。這樣看起來，陽電子砲的0.3MW好像也沒什麼大不了的對吧。用了全日本的電力來製造正電子——動畫裡面還有全日本的電燈都啪一聲熄滅的畫面對吧，都做到這種程度了，威力居然還比鋼彈差……。

這樣的話，我建議別製造什麼反物質，直接把質子束打出去，效果還比較好！就算用原來的功率，也有1MW，造成的傷害應該會是陽電子砲的3倍左右才對。

若使用反物質作為武器，就是希望能讓敵人的身體受到自爆般的傷害，應該比單

圖73＊《福音戰士》裡的陽電子砲
有可能實現嗎？

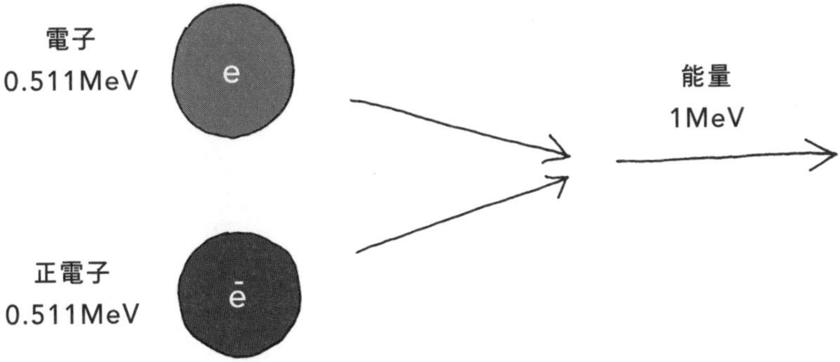
電子
0.511MeV
e
正電子
0.511MeV
ē
能量
1MeV

屋島作戰：用日本的總電力（180 GW）

製造正電子再打出去的話⋯⋯？

＊假設我們能用與製造微中子束相同的效率來製造
正電子（用100 MW的電力每秒可產生1000兆個）。

$$1\text{MeV}\times1.6\times10^{-19}\text{J/eV}\times10^{15}\text{個/sec}\times180\text{G}\div100\text{M}$$
$$=0.3\text{MW}$$

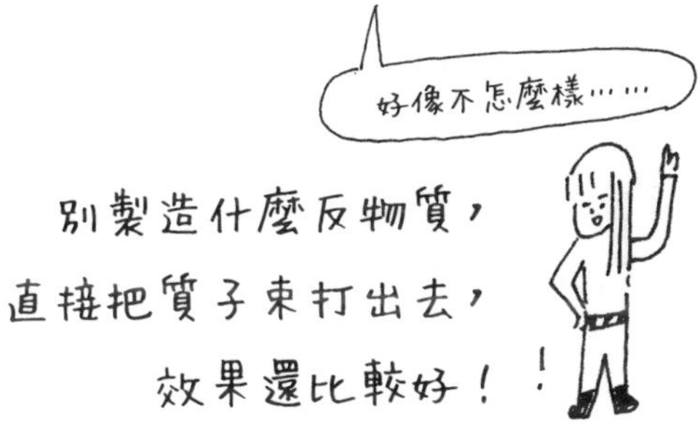
好像不怎麼樣⋯⋯
別製造什麼反物質，
直接把質子束打出去，
效果還比較好！

純以粒子束攻擊還要有效才對。但我們並不曉得使徒（敵人）是由什麼物質組成的，要是使徒不是由我們熟悉的物質組成，陽電子砲基本上不會有效果。因為不曉得使徒的組成成分是什麼，所以也只能說效果「大概」是這樣。

能量轉換效率很差的炸彈

接著來談談反物質炸彈吧。《天使與魔鬼》中有出現一個反質子炸彈，使用0.25公克的反質子製成。壞人們把這個炸彈拿到梵諦岡，準備引爆。這個炸彈的威力有多大呢？由公式$E=mc^2$計算，可以知道這個炸彈的威力相當可觀（圖74）。20兆焦耳（TJ），威力達廣島原子彈（60TJ）的3分之1。爆發力非常強，整個梵諦岡都會被夷為平地。

不過這裡有一個問題，製造反質子是一項大工程。以目前的科技來說，要製造0.25公克的反質子，得花上100億年才做得出來，幾乎和宇宙的年齡一樣。既然如此，用其他種類的炸彈來炸還比較快……。

製造正電子很簡單，但反質子的質量卻是正電子的2000倍。

反質子炸彈確實很驚人喔。在反質子湮滅的時候會放出非常驚人的能量，這一點是絕對不會錯的。只要0.25公克就很恐怖了。

圖74＊《天使與魔鬼》中的反物質炸彈真的做得出來嗎？

《天使與魔鬼》中，反質子炸彈為0.25 g，其威力為

$$0.25/1000\text{kg}\times(3\times10^{8}\text{m/sec})^{2}$$

$$=20\text{TJ}$$

廣島原子彈的1/3

乍看之下好像很厲害……
但要做出這個炸彈，
得花上100億年以上的時間

用其他種類的炸彈
還比較快

但光是要製作反質子炸彈，就得消耗非常多的能量與時間，CP值非常低。若考慮能量轉換效率，一般來說是不會去製造這種炸彈的。

比方說，汽車的能量轉換效率約為30％，燃燒汽油後所獲得的能量並沒有完全轉換成汽車的動力。能量在轉換的時候通常都會有不小的損失，所以在設計相關裝置的時候也必須考慮到這一點。

接著來回答這個問題吧。這個問題在第一次上課時就有人問了。

Q 相對論究竟是什麼呢？

阿爾伯特・愛因斯坦是一位有非常多研究成果的科學家。上次課程中我們提到了太陽能電池與光電倍增管都會應用到光電效應，而發現光電效應的人就是愛因斯坦。

不過在提到愛因斯坦的時候，各位最先想到的應該是他的相對論吧。他在20多歲的時候就提出了相對論，但相對論領先了當時的科學太多，所以遲遲沒有人以實驗證明相對論的正確性，因此愛因斯坦並不是以相對論獲得諾貝爾獎。雖然相對論沒能拿到諾貝爾獎，愛因斯坦仍靠著光電效應的發現獲得了諾貝爾獎。

相對論可分為「特殊相對論」與「一般相對論」。愛因斯坦一開始發表的是「特殊相對論」，將之改良後再發表「一般相對論」。

首先來談談特殊相對論。雖然這有點難，但簡單來說，就是由以下2個公設所建構出來的理論體系。

相對性原理——力學定律在任何一個慣性座標系中都會以同樣的形式成立。
光速不變原理——真空中的光速一定，與光源的運動狀態無關。

第1個有點難理解，故先讓我們把它放在一邊。不過第2個請各位把它記下來，也就是光速不變原理。光的速度不管從哪裡或使用何種方式測量，一定都是同樣的數值。

假設各位現在正乘坐著汽車，當你看到一台行進方向和你相同的電車時，會覺得電車看起來好像沒那麼快；但如果電車的行進方向和你相反，就會覺得電車看起來比平常快。原本「速度」就是這樣的東西，隨著觀測者運動方式的不同，觀測到的速度也會有所差異。

但光不一樣。不管觀測者與光的移動方向相同還是相反，都會測到同樣的速度。

融合光的世界與力的世界的理論

做為特殊相對論之基礎的2個公設，並不是由愛因斯坦自己想出來的，這2個公設皆已經被其他人提出。愛因斯坦厲害的地方在於他能夠建構出1個沒有矛盾的理論架構，把這2個看似無關的理論融合在一起。

早在愛因斯坦之前，馬克士威就提出過光速不變原理，他是建構電磁學理論的科學家。但馬克士威討論的只有電磁場——也就是說他只討論光。所謂的電磁學，就是只討論光的學問。不會特別去思考「要是將物質加速到接近光速時會發生什麼事……」之類的問題。

另一方面，相對性原理考慮的則是力學的世界。如同我剛才所說的「隨著觀測者運動方式的不同，觀測到的速度也會有所差異」，這是力學世界所討論的問題。

愛因斯坦覺得，如果電磁學（光速不變原理）與力學（相對性原理）這2個體系之間會產生矛盾的話，不是一件很奇怪的事嗎？於是他便著手架構1個能夠將這兩者合而為一的理論，那就是相對論。

光速不變原理是在19世紀中葉時由馬克士威提出，並在19世紀末葉時由邁克生—莫雷實驗（Michelson-Morley experiment）證明（圖75）。

這是個什麼樣的實驗呢？就像剛才所提到的，這個實驗是在測量光從不同方向打

圖75＊邁克生—莫雷實驗

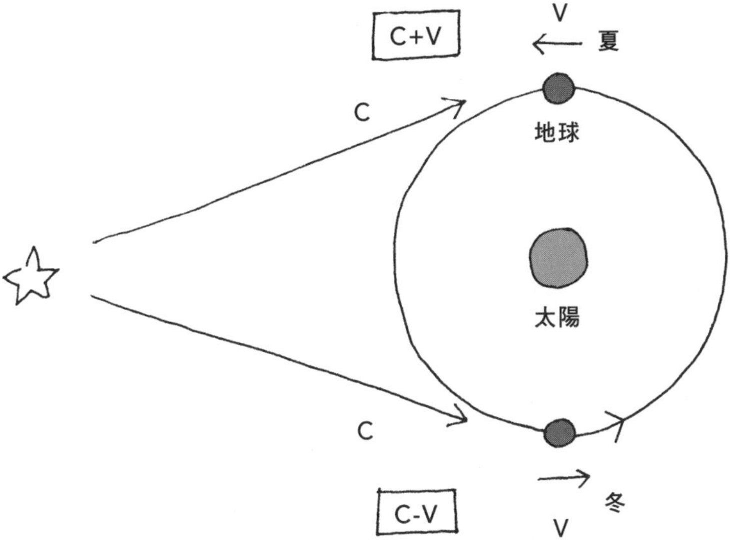

夏天與冬天所測得的光速應該會有差別才對，
實際上卻完全相同

$$C+V = C-V$$

過來時，速度是否也會不一樣。舉例來說，從地球上看得到星光，而地球會繞著太陽轉，那麼夏天與冬天星光的速度應該也會不一樣才對。當地球朝著星星（朝著光的來向）移動時所測到的光速，應該會與地球遠離星星（背著光的來向）移動時所測到的光速不一樣才對。

但實際測量時，卻發現這2種情況下所測得之光速一模一樣。就像是坐在汽車上的觀測員，觀察朝著汽車駛來的電車，與遠離汽車駛去的電車時，發現兩者的速度相同。

再來是這個問題。

Q 光是以什麼為介質前進的呢？

應該是有學過「波」的人，才會想到光「需要介質」吧。因為波如果沒有介質的話就無法傳播出去。像是音（波）傳播時能夠以空氣為介質。那麼光又是以什麼為介質呢？

過去曾有人提出以太（aether）可能是光的介質。該理論認為，宇宙中充滿了眼睛看不到的以太，而光就是以此為介質在宇宙中傳播的。不過藉由這個邁克生－莫雷實驗，我們明白到以太並不存在。要是以太存在的話，夏天和冬天所測得的光速就會不一樣。

也就是說，光不需要以某些物質做為介質。光在真空中也有辦法前進。光並不是靠物質上的介質傳播，光本身就是電磁場的波動（光是藉由電磁場在時間軸上的波動來傳播的）。

在特殊相對論中，愛因斯坦還預測了另外兩件事。首先，

速度增加時，質量也會增加！

比方說，各位的體重大約在50～60公斤左右。假設各位開始以某個速度跑動，那麼各位的體重就會增加。在高中以前的物理課本中，各位學到的是質量在任何情況下都不會改變對吧。不過，相對論指出，若物體的速度愈快，質量也會隨之增加。

這個就是公式（圖76-❶），讓我稍微說明一下吧。

等式右邊的m又叫做靜止質量，也就是各位靜止時的體重。

等式左邊的m_r又叫做相對論性質量。各位可以把這裡的m_r想成是當我們想為物體加速、想給予物體能量時，物體被加速的難度（在牛頓力學中，將物體被加速的難度稱作慣性質量；在相對論中，則把這稱作相對論性質量）。

c是光速、v是物體的速度。若這裡的v與光速相同的話，會發生什麼事呢？c

圖76＊從特殊相對論理解到的東西

❶速度增加時，質量也會增加！

相對論性質量

靜止質量

$$mr = \frac{m}{\sqrt{1-\left(\frac{v}{c}\right)^2}}$$

速度

光速

若物體以光速移動的話（c與v相等的話），√ 內就會是0。

也就是會變成∞無限大！

若要讓有質量的物體達到光速的話，需要無限多的能量

❷速度增加時，時間會變慢！

$$tr = \sqrt{1-\left(\frac{v}{c}\right)^2} \cdot t$$

因此，當基本粒子速度接近光速時，壽命也會變成2倍

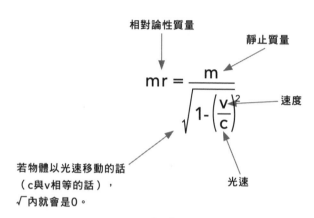

分之v會等於1，1的平方還是1。根號內會是1減1，也就是0。如果0是除數的話，會讓商變成無限大，使得等號左側的mr（相對論性質量）變成無限大。

若我們想把某個物體加速至與光速相同，該物體被加速的難度就會變成無限大。換個方式來說，就算給物體無限的能量，物體也絕對到不了光速。不可能。擁有質量的東西（在真空中）絕對不可能超越光速。

可以把比光速還快的粒子縫在襪子裡面嗎？

真的無法超越光速嗎？實際把粒子加速後，發現真是如此。

在第1次上課時，曾提到我們會用加速器為粒子加速的事情吧！最後，會讓粒子的速度幾乎等於光速。不過再怎麼說也只是非常接近光速而已，並不等於光速。像是光速的99.999%之類的，絕對不會等於光速。為什麼呢？就是因為相對論說的是對的。

在粒子進入J-PARC的加速器（主環）後，加速器會為粒子加速，將粒子的能量增加至原本的10倍。然而速度本身卻沒有多大改變。相對論認為，在物體速度很快的狀況下，要讓物體的速度變得更快，需要的能量會成長得非常快，速度卻不會改變太多。將加速器內的粒子從光速的99.7%加速到99.99%時，速度並沒有太大改變，能量卻變為原來的10倍，這明顯是相對論的效應。

這算是一點題外話啦，各位有聽過「迅子（tachyon）」這個東西嗎？在希臘語中，tachyon是「跑得很快」的意思，故迅子被用來指稱比光還要快的粒子。不過目前還沒有人發現迅子的存在，還只是假設中的粒子。

坊間雜誌的後面不是常會有一些很可疑的健康商品廣告嗎？像是會帶來幸運的能量石之類的。在這類商品中，就有一種叫做「迅子襪」的東西。比光還要快的迅子居然能被縫在襪子裡！廣告上常會說穿這種襪子對身體很好。

但實際上，就像我剛才所說的，我們不可能做得出比光還要快的粒子。而且要是真的做出迅子的話，最先想到的根本不是把它縫到襪子裡，而是拿到學會發表才對（笑）。這絕對可以拿到諾貝爾獎。

那麼再來看看相對論的另一個預測，

速度增加時，時間會變慢！

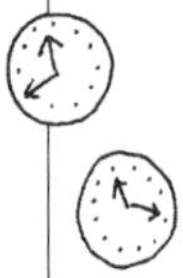

你一定會想「咦？這是怎麼回事啊？」對吧。舉例來說，若我們拿著1個非常正確的時鐘，搭上1個速度很快的交通工具。若這個交通工具的速度愈快，時鐘就走得愈慢。「真的假的？」會懷疑也是當然的，但已有實驗證實囉。

在這個特殊相對論發表後不久，就有人帶著非常正確的原子鐘搭上飛機，繞著地球飛行好一陣子。落地後發現，飛機上的原子鐘真的慢了一些。

如果是比飛機還要快許多的世界——假設我們把剛才提到的基本粒子加速至光速的90％的話，基本粒子的壽命可以延長到原本的2倍。若將在靜止狀態下1秒內就會衰變的粒子加速至光速的90％的話，該粒子的壽命就能夠延長至2秒。

前面我們曾提到基本粒子的壽命對吧。中子的壽命大約是15分鐘。其他粒子則是0.00000……秒之類有一大堆0的極短時間。要注意的是，這裡講的都是靜止狀態下的壽命。如果讓粒子以非常快的速度移動的話，就能夠延長粒子的壽命。舉例來說，中子的靜止壽命是887秒，若讓中子以90％光速移動的話，可把壽命延長到1500秒左右——大約30分鐘。

接著來看看這個問題吧。

Q 時光機做得出來嗎？

剛才提到的「可以延長壽命」是一大重點喔。這表示我們有辦法做得出時光機。

舉例來說，假設有人搭上了以90％光速前進的交通工具，那麼當靜止的人們經過

10分鐘時，交通工具上的人卻只經過5分鐘；當靜止的人們經過10年時，交通工具上的人卻只經過5年。也就是說，當這個人搭乘交通工具飛出去再飛回來，就能夠抵達5年後的未來。

雖然沒辦法像電影《回到未來》那樣，瞬間跳躍到相隔幾十年的世界，不過花費5年，進入10年後的世界，這種事確實有可能辦得到。不過，這5年就不曉得該怎麼過了。

這又叫做浦島效果。故事中的浦島太郎被招待前往龍宮城，但回來以後，卻看到大家都變成老人了。兩者所描述的現象完全相同，所以也可以用相對論來解釋浦島太郎的故事。

有一部電影叫做《浩劫餘生（Planet of the Apes）》，不過要是講太多的話就會洩漏劇情了（笑）。因為這是很久以前的電影，所以大家可能沒看過。但有機會的話建議各位一定要看，它真的是很棒的作品。不過只有第一集很棒。這也是一個「續集就會爛掉」的著名例子。

總而言之，前往未來的時光機是做得出來的。只要用很快的速度移動就可以了。但是速度不可能是負的，所以沒辦法回到過去。

「真的沒辦法回到過去嗎？」若要回答這個問題會太過冗長，所以這裡就先跳過。有個東西叫做「時序保護猜想」，提出這個猜想的是史蒂芬．霍金（Stephen

Hawking，2018年3月14日逝世），想必很多人都聽過他的名字吧？從1980年至2009年，他都擔任英國劍橋大學的盧卡斯數學教授，過去牛頓也曾在劍橋大學擔任這個職位。霍金曾提出「人們絕對沒辦法回到過去」這樣的猜想。

愛因斯坦添加的謎之「宇宙常數項」

讓我們把話題回到愛因斯坦上吧。愛因斯坦在特殊相對論之後，又發表了一般相對論。一言以蔽之，就是認為「重力存在時，空間會隨之扭曲」的理論。

在特殊相對論中，並沒有考慮重力這個因素；在一般相對論中，則將重力（加速度運動）帶來的影響考慮進來，完善這個理論。

在牛頓力學中，將重力描述成「擁有質量的2個物體會彼此吸引」；愛因斯坦則認為「這樣並不正確，重力影響的是空間才對」。

假設我們把地球放在這裡（圖77☜）。地球附近的空間會因為地球的質量而出現扭曲。因此，若有其他東西通過地球周圍的話，就會被地球拉進來。物體並不是被重力拉近地球，而是因為空間的扭曲所以掉進地球。這就是一般相對論的想法。

或許你會想，用空間扭曲的方式描述和重力有什麼不同呢？但確實有一個決定性的差異。

圖77＊一般相對論

一言以蔽之，就是認為

「重力存在時，空間會隨之扭曲」的理論

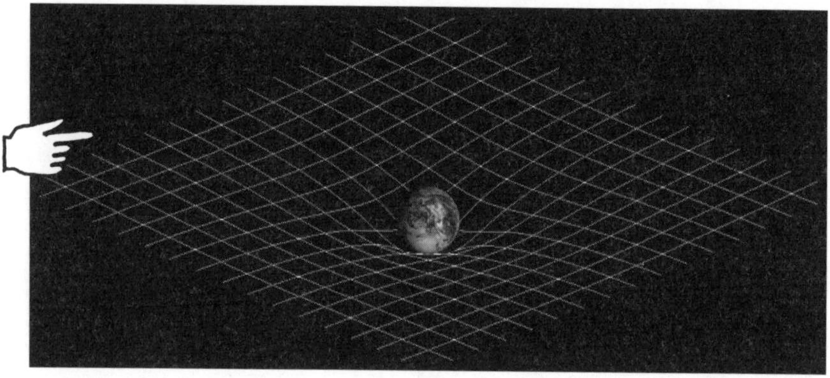

愛因斯坦方程式

$$G_{\mu\nu} + \Lambda g_{\mu\nu} = \frac{8\pi G}{c^4} T_{\mu\nu}$$

空間的扭曲　　宇宙常數項　　質量、能量

加入宇宙常數項是

我這一生最大的錯誤

愛因斯坦

為什麼當初加了這個東西呢…

可惜…

即使是像光一樣沒有質量的東西，也會受到重力的影響（重力透鏡效果）

也就是說，如果只有具質量的東西會受到重力影響，互相吸引的話，那麼沒有質量的光，應該不會受到重力影響才對。但如果重力的本質是空間扭曲的話，光就會受到影響。

為了確認這一點，亞瑟．愛丁頓（Arthur Eddington）爵士試著觀測通過太陽周圍的光線。平常太陽過於明亮而無法觀測，愛丁頓爵士利用日全蝕的時候觀測太陽，發現星光確實出現了偏移。證實空間真的會扭曲。

愛因斯坦提出了愛因斯坦方程式（圖77☞），做為一般相對論的基本方程式。這就是用來表現空間扭曲方式的方程式。

等式左邊的$G_{\mu\nu}$是表示空間扭曲的量；等式右邊的c的4次方分之8πG．$T_{\mu\nu}$則是質量或能量（記得能量與質量是等價的物理量）。整個算式就是像這樣。

正中間的Λ（lambda）是所謂的「宇宙常數項」，就算沒寫出這一項也沒關係。一般相對論的教科書中，有些教科書也沒寫這一項。以這個算式來說，就算有Λ通常也會把它當成0，所以有沒有寫出這項都沒關係。既然如此，又為什麼要特別列出這項呢？

愛因斯坦曾說過，把這個Λ加進來是「我這一生最大的錯誤」。那為什麼當初會加入這項呢？

從被拋起到落地的這一瞬間，就是我們所處的世界嗎？

一言以蔽之，宇宙常數是愛因斯坦在既有觀念下所提出的概念。當初他並不認同宇宙會膨脹或收縮。現在我們耳熟能詳的大霹靂理論，當時卻沒有任何人知道。當時的人們認為，我們所處的宇宙空間從以前到現在未曾改變過，未來也不會產生變化。宇宙永遠是靜止的，是一個穩定的狀態。即使星星會局部性地運動，但宇宙整體是不會運動的。

但是，如果宇宙是一個靜止的空間，那麼各個星體應該會因重力逐漸聚集，最後整個宇宙會縮小至單一點上才對。「為什麼不會發生這種事呢？」面對這樣的問題，愛因斯坦在苦惱之下提出了「因為有一個抵抗重力的力存在」這樣的理由，並加上宇宙常數。

如果宇宙一直在膨脹——換句話說，宇宙整體一直在運動的話，就不需要這個反彈力（宇宙常數）了。

而後來科學家們透過星體觀測，證明宇宙確實在膨脹。愛德溫·哈伯（Edwin

Hubble）觀測各式各樣的星體，想知道它們是以多快的速度朝著自己掉下來（接近自己），卻發現它們居然正逐漸遠離自己。星體之間不是會因為重力而互相吸引嗎？但他卻沒看到星體間逐漸拉近，而是看到星體間彼此遠離。這到底是怎麼回事啊？

但如果換個想法的話，這種事也不是不可能發生。假設我現在放開我手上的球，球會像這樣掉落至地板（球落下）。如果放開時球的初速是0，那麼球確實會往下掉。但如果我把球往上丟（將球往上丟）……它會暫時往上移動，也就是暫時遠離地板，然後再落下。如果只看這段往上移動的時間，看起來確實像是違反重力，遠離地球。

也就是說，我們剛好處於各個星體遠離我們的年代，總有一天，這個年代會結束，於是各個星體就會往我們靠近。這就是哈伯的預言。

宇宙的誕生與未來的樣子

如果像我這樣用那麼弱的力道丟這顆球的話，球馬上就會掉下來。這表示當宇宙膨脹速度小於重力時，總有一天宇宙會開始收縮，最後整個毀滅。

相反的，如果用很快的速度丟出這顆球——比方說用像火箭般威力強大的力道把球打出去的話，這顆球就會脫離地球重力的限制飛向外太空，再也不會回到地球。同樣的，要是宇宙膨脹速度非常快的話，就會永無止盡的膨脹下去。

如果用介於兩者之間的力道來丟這顆球，就有可能讓球像人造衛星一樣，不會掉落至地球，也不會離地球遠去，而是持續與地球保持一定的距離。也就是說，如果宇宙膨脹的速度剛剛好的話，就不會永無止盡的膨脹下去，也不會從某一天開始收縮回來，而是膨脹到一定程度後就此停止，保持那個樣子不再改變。

宇宙的樣子究竟是這三者中的哪一個呢？至少我們能確定宇宙應該不像是「正在落下的球」。由宇宙論來看，「膨脹到一定程度後停止」似乎是個很合理的解釋，但由最近的觀測結果顯示，宇宙似乎會永無止境地膨脹下去。

誰「拋起」了宇宙？

既然這顆球正逐漸離我們遠去，就表示一開始有人把它往上丟。那麼究竟是誰丟出了這顆球呢？

大霹靂理論便嘗試說明宇宙膨脹的原因，這是由俄羅斯人喬治．伽莫夫（George Gamow）所提出的理論。

如果「宇宙正逐漸膨脹中」這樣的想法是正確的，那麼在很久以前——若我們可以追溯到某個人把球往上丟的那一瞬間，應該可以看到整個宇宙濃縮在某一個點上。伽莫夫認為，如果全宇宙中的所有物質都集中在同一點上，那麼這個點的溫度一定高得難以想像。

順帶一提，各位知道「溫度」是什麼嗎？晨間新聞常會播報「今天的溫度是幾度」，但若被問到「溫度是什麼？」的話，還真沒那麼容易回答。簡單來說，所謂的溫度，可以想像成能量的密度。在一定的質量，或者是一定的體積內塞了多少能量，這就是溫度的概念。

宇宙的大小約為100億光年至200億光年之間。若把那麼大的宇宙塞進一個很小的區域內固定起來，其能量密度想必相當驚人吧。能量密度相當於溫度，故這個區域的溫度想必也是高得不可思議。伽莫夫把這種狀態稱作「火球」，不過這個人原本是核能物理學家，或許他是以核爆的概念在描述大霹靂吧。與他一起研究這個問題的安德烈・沙卡洛夫（Andrei Sakharov），原本是在蘇聯開發氫彈的科學家。

宇宙曾經是一個點，並由這個點爆發膨脹成現在的宇宙。第一次聽到這種說法的人一定也會覺得「這怎麼可能啊？」。但事實上，科學家們已經找到大霹靂的證據囉。怎麼找到的呢？

那是因為科學家們看到了遙遠的彼方。

*宇宙膨脹與大霹靂

愛德溫・哈伯

為什麼天空不會掉下來呢？

因為天體一直運動，
而且
正逐漸遠離我們！

喬治・伽莫夫

原本全宇宙的物質都
集中在同一個點……

若真是如此，
這個點的溫度
絕對高得不可思議

火球＝大霹靂！

若能看到140億光年遠的地方＝看到「過去」的樣子……

光的速度非常快，「光速」一詞甚至都直接被用來表示很快的速度。即使如此，光的速度還是有一個固定的數字，每秒前進3億公尺。光從太陽跑到地球時需花費8分鐘，也就是說，我們看到的並不是現在的太陽，而是8分鐘前的太陽。要是太陽是現在的2倍遠，那麼我們看到的太陽就會變成16分鐘前的太陽。

所謂「看到遠處的東西」，指的其實是「看到來自遠處的光」，這表示我們看到的是遠處在過去的樣子。

「光年」是測量宇宙距離的單位，是光1年所移動的距離。假設有顆星星距離地球1光年，那就表示這顆星星的光經過1年以後，終於映入了各位眼簾，我們看到的其實是這顆星星1年前的樣子。

於是，當我們把目光放到宇宙中離我們很遠很遠的位置時，看到的就會是宇宙很久很久以前的樣子。假如我們看的是離我們140億光年遠的位置，看到的就是宇宙140億年前的樣子，而這個位置確實非常熱。

發現這點的是阿諾．彭齊亞斯（Arno Penzias）與羅伯特．威爾遜（Robert Wilson）。彭齊亞斯與威爾遜在拍合照時，兩人每次都離得很遠（圖78☞），是不是感情不太好呢（笑）。兩人雖然一起拿到諾貝爾獎，但從來沒有一張照片拍下兩人站在一起時的樣

圖78＊找到了大霹靂的證據！

他們捕捉到了140億年前
宇宙「還很熱」時的殘像

不知為何他們拍照時
總是站得很遠

阿諾・彭齊亞斯與羅伯特・威爾遜

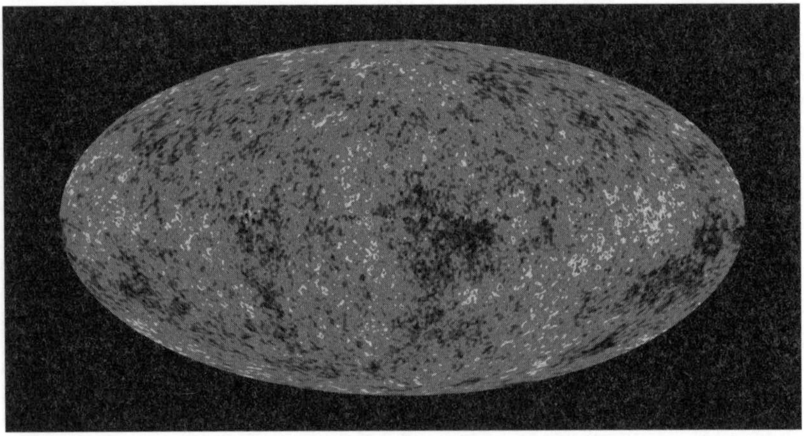

COBE所拍下的宇宙初期樣貌
Cosmic Background Explorer
（宇宙背景探測者）

子。這兩人在1964年時，以電波望遠鏡觀測到140億年前的宇宙。

我曾看過他們當時發表的論文，篇幅大概只有1頁半左右而已。一般來說論文通常會有幾十頁，不過他們發現的東西實在太過偉大，所以不用寫那麼多也沒關係。畢竟他們證明了大霹靂真的發生過。

現在幾乎已經沒有任何學者會懷疑大霹靂理論，只有少部分宗教人士會懷疑。

看得到的宇宙邊界

彭齊亞斯與威爾遜是從地面觀測宇宙，故會受到大氣的干擾，沒辦法獲得長波段電磁波的資料。在那之後，透過1989年升空的人造衛星COBE，便能在沒有大氣干擾之下，以全波長段更精密地觀察宇宙的過去樣貌。

這張圖（圖78☛）就是由COBE所拍下的宇宙初期樣貌。這是把宇宙投影在蛋狀地圖上的樣子，可以把它想像成是在觀看天象儀投影出來的畫面。

由這張圖可看出宇宙溫度的分布。宇宙的溫度並不均勻，有些地方溫度會特別高。

我們一般說「看到」時，指的是我們「看到」物體發出來的光。不過在觀測宇宙時卻沒那麼簡單。因為宇宙中的星體一直在離我們遠去，故這些星體所發出來的光（電磁波），其頻率會下降，也就是所謂的都卜勒效應。就像是正在遠離我們的救護車之警鈴聲會比較低一樣，星體遠離我們的速度愈快，電磁波的頻率就降得愈低。

從哈伯的觀測我們可以知道，宇宙中離我們愈遠的星體，會以愈快的速度遠離我們。較近的天體遠離我們的速度比較慢，所以電磁波的頻率比較高。而它們所發出的電磁波還在可見光範圍內，故我們能以肉眼看到。但離我們比較遠的星體所發出的電磁波，其頻率遠比可見光還要小，人眼就看不到了。這些星體所發出的電磁波原本是可見光，但由於它們遠離我們的速度太快，使頻率降得很低，成為所謂的「電波」。

所謂的電波望遠鏡，就是為了「看到」這些電波的望遠鏡。COBE所捕捉的並不是可見光，COBE只看得到頻率遠比可見光小的電波。

各星體所發出來的光（由於每個星體和地球的距離、遠離地球的速度皆不相同）之波長各不相同，但在離我們地球一定距離處，卻有一個發出相同波長的「屏障」。不管你看向宇宙的哪個方向、哪個角度，這個位於一定距離的「屏障」所發出的波長都一樣。

在這個「屏障」之前，物質就像星體一樣各自獨立存在，相較之下，這層「屏障」則顯得一片混沌，卻會發出頻率一致的光，就像是一大片雲霧般。而在這片雲（屏障）之後什麼都沒有。

大霹靂理論中預言「有這樣的東西存在」，而事實上我們也找到了這東西存在的證據（圖79）。

圖79＊宇宙微波背景輻射

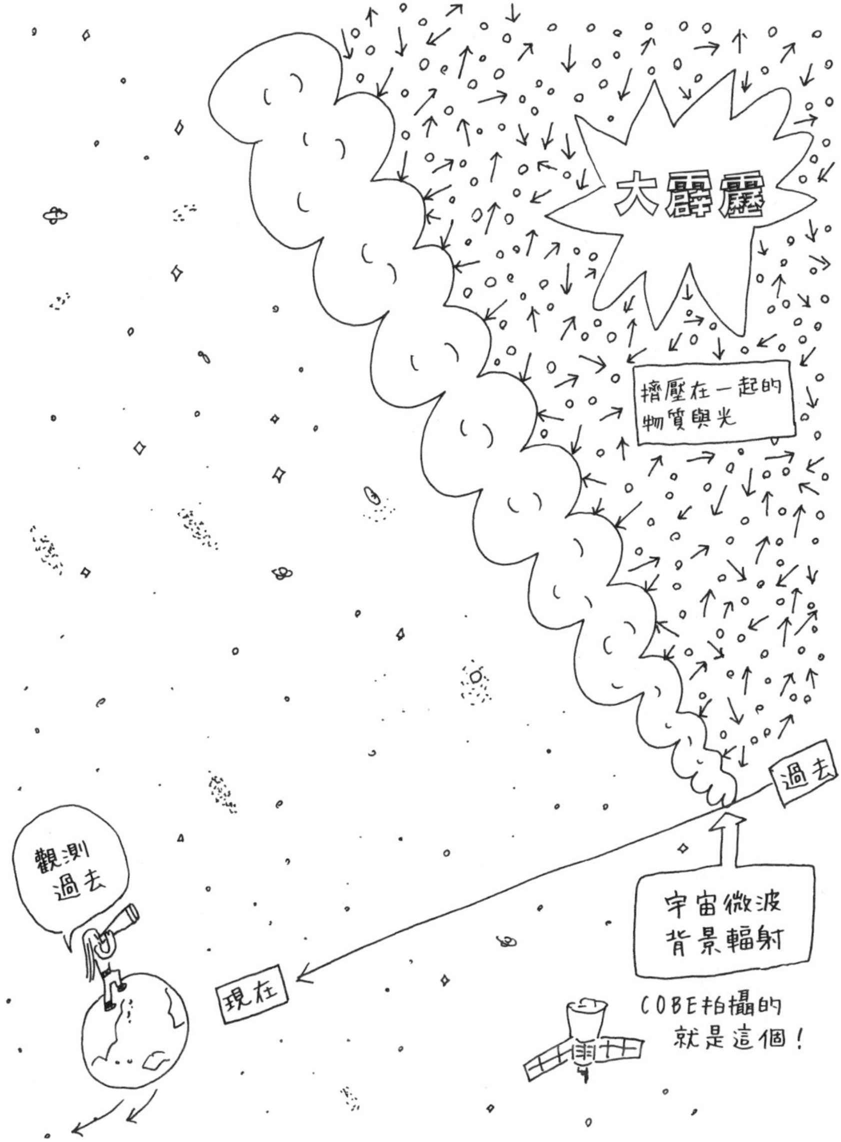

不要把這個看作空間，要看作時間

為什麼我們能存在於這個宇宙內呢？

在最小的尺度下，所有的物質都是由夸克與輕子所組成的。假設我們能看到中子與質子內部的狀況，應該可以看到夸克漂浮在由能量組成的濃湯內。若想要切出夸克，就必須施加一樣多的能量才行。在第1次的課程中，曾提到我們會用加速器對粒子施加能量，藉此「破壞」粒子，就是指這個。我們在粒子上施加動能，藉此「破壞」質子，希望能分離出質子內部的夸克與能量濃湯。

然而，宇宙初期「能量密度相當高＝溫度相當高」，就算不額外施加能量，宇宙各處也已充滿了能量，故夸克能夠隨意在宇宙內奔走。

在這樣的宇宙中，隨時都會發生我們之前提過的「能量可轉變成物質」、「物質可轉變成能量」等現象。隨時都有物質與反物質誕生，又在瞬間湮滅。

就像這樣（圖80☞），當能量密度非常高，就會陸續誕生出物質與反物質，接著互相湮滅變回能量，然後再次誕生出物質與反物質……持續著這樣的循環，這就是宇宙初始的模樣。

電子與正電子分別有0.5百萬電子伏特（MeV）的質量，故若要產生一對電子與正電子，就必須消耗1百萬電子伏特（MeV）的能量。而當物質與反物質接近時，就會互相湮滅變回1MeV的能量。雖然變回能量，但既然這1MeV的能量沒有消失，那麼之後又

圖80＊基本粒子與宇宙的開始

宇宙的開始＝火球（超高密度的能量塊）

火球內的所有物質都
以夸克與輕子的形式到處亂跑！

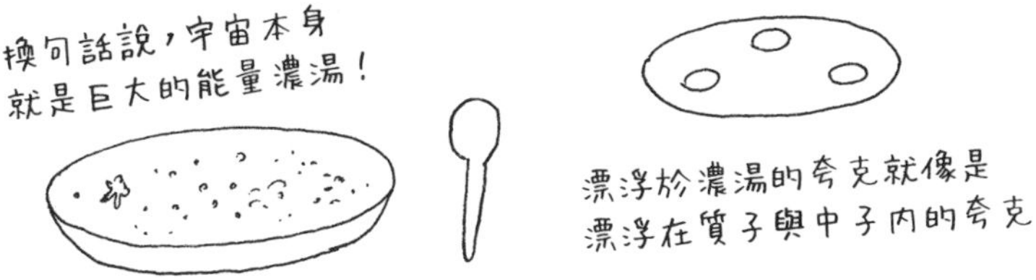
換句話說，宇宙本身
就是巨大的能量濃湯！
漂浮於濃湯的夸克就像是
漂浮在質子與中子內的夸克

由於能量密度很高，
故會自行產生物質、反物質。

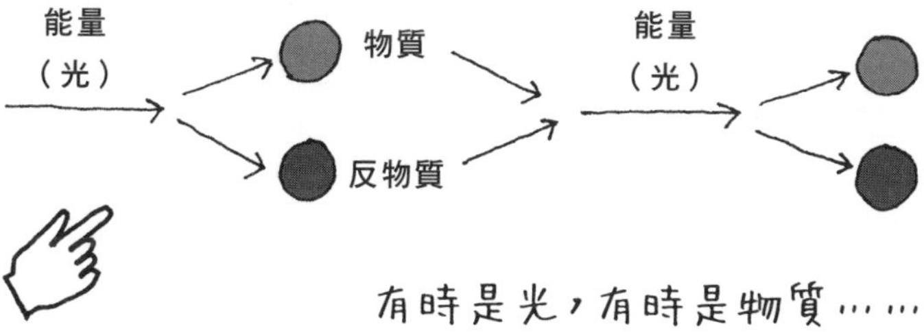
能量
（光）
物質
反物質
能量
（光）
有時是光，有時是物質……

會再次產生出物質與反物質。

物質與反物質就像這樣時而分離、時而結合，不過隨著宇宙的擴張，能量也會跟著擴散，使能量密度（＝溫度）逐漸下降。當能量密度降至某個程度時，便無法自行誕生出物質與反物質。

在能量密度很高的時候，物質與反物質會自行誕生又自行湮滅，但隨著宇宙逐漸擴張，能量逐漸變得稀薄，溫度會逐漸下降，使用來製造物質與反物質的能量愈來愈不夠。這就是所謂的「宇宙冷卻」。

如果能量比1MeV還要低，就沒辦法製造出電子與正電子。因此在某個時刻，宇宙就只會剩下光。僅有光（能量）散布於宇宙中，但不會有新的物質與反物質誕生（圖81）。

先前提到的COBE所看到的景象，或者說彭齊亞斯與威爾遜所看到的140億年前的宇宙樣貌，剛好就是這個臨界點，在此之後，物質與反物質可以轉變成能量，但能量密度不足以再產生新的物質與反物質，於是宇宙只剩下光。

這樣不是很奇怪嗎？既然如此，為什麼我們又會存在於宇宙中呢？在「屏障」之前應該只剩下光才對，卻有著各種星體（物質）。如果所有物質與反物質都變成了光，且能量密度不足以再製造出新的物質與反物質的話，為什麼我們（物質）又會存在於宇宙呢？

圖81＊當宇宙冷卻下來時……

隨著宇宙逐漸擴張，
能量密度會逐漸下降，
使物質與反物質愈來愈不容易被製造出來。

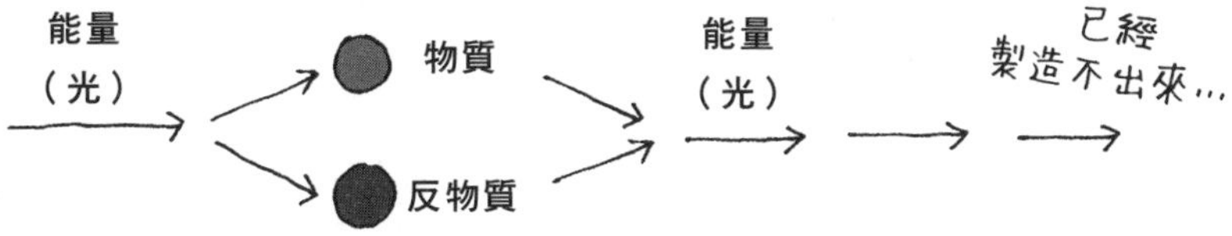

宇宙裡只剩下光（能量）……

咦？
那為什麼
我們會存在呢？

圖82＊宇宙的粒子密度（複習）

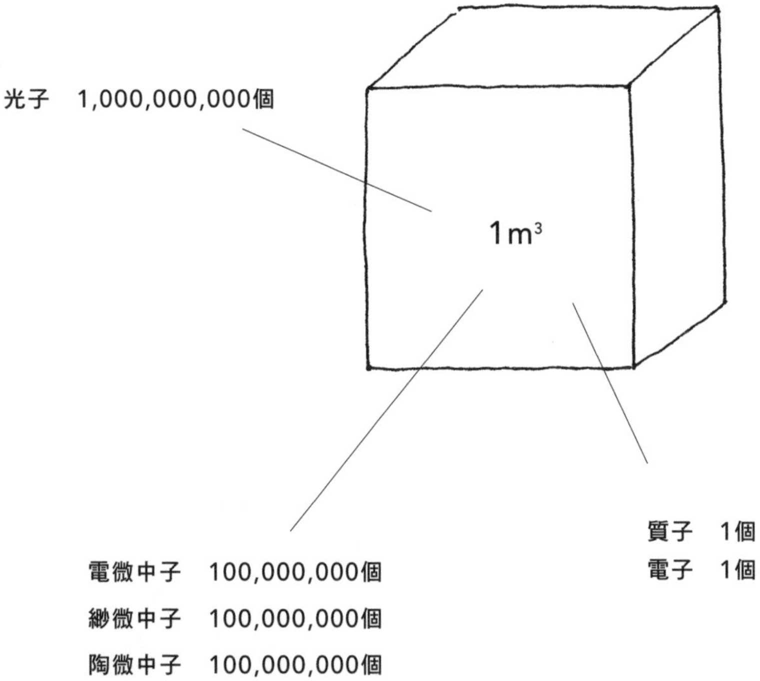

在10億個粒子中只找得到一組成對的「物質」

在上次的課程中，我們提到了宇宙中的粒子密度。1立方公尺內有10億個光子。相較於此，1立方公尺內卻只有各1個質子與電子（圖82）。可見宇宙是個空蕩蕩的空間。

這些數字表示什麼呢？原本這個宇宙中應該還有更多質子與電子才對，而這些質子與電子會分別與反質子與正電子互相湮滅變成光，光再變出物質（與反物質），並持續著這樣的循環。但在某個時間點以後，（由於能量密度下降）光便再也無法轉變成物質（與反物質）。

假設一開始物質與反物質的數量完全相同——有100個物質，就有100個反物質。如果兩者在宇宙中的數目完全一樣的話，一定會兩兩配對後互相湮滅，連1個質子或1個電子都不會殘留下來。

但不知為何，1立方公尺內卻留下了各1個質子及電子。

或許從一開始，物質與反物質的數量就不相同。

假設1個物質能與1個反物質配對，產生1個光子，考慮到現在的光子與物質（質子與電子）的比例，或許一開始的宇宙中，每10億個反物質，存在著10億又2個的物質與之相對——在這個比例下，10億個物質會與10億個反物質互相湮滅變成光，剩下的2

圖83＊物質與反物質的不對稱現象

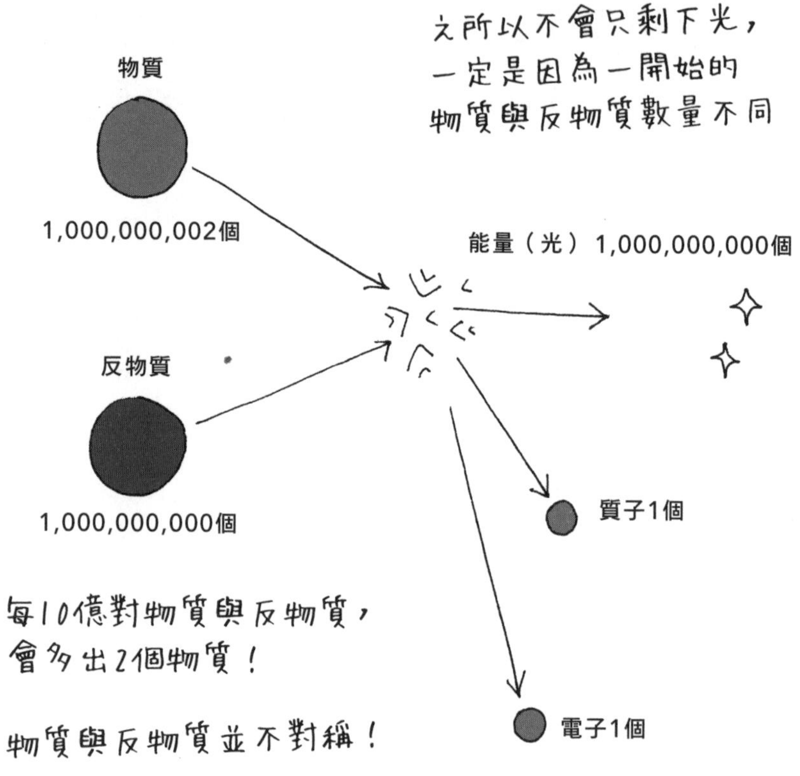
之所以不會只剩下光，
一定是因為一開始的
物質與反物質數量不同
物質
1,000,000,002個
能量（光）1,000,000,000個
反物質
1,000,000,000個
質子1個
電子1個
每10億對物質與反物質，
會多出2個物質！
物質與反物質並不對稱！

為什麼呢？

這是未來基本粒子物理學界的最大主題

個物質（各1個質子及電子）則會被留下來（圖83）。

這樣子的理論對物理學的世界來說是一個很大的衝擊。如果是一般人的話，可能只會覺得「哦——是這樣啊」並不會把它當成一回事，但對物理學家來說這卻是個相當驚人的事實。

在物理學的世界中，應該會有近乎完美的對稱性才對，這樣就不須考慮左右的問題。但物質與反物質卻沒有這樣的對稱性。

目前還沒有一個理論能夠明確說明為什麼物質與反物質的「數量不同」。因此必須再思考新的理論才行。至今我們都用所謂的「標準理論」來解釋這個宇宙，我們以為這個理論已可說明宇宙中所有物理現象，但並非如此，至少標準理論沒辦法解釋這個不對稱之謎。

如果由我們存在於這個宇宙的事實來看，這個宇宙確實是不對稱的。

這是目前基本粒子物理學最大的主題。「為什麼宇宙是不對稱的呢？」這個問題非得解開不可。

所以說，基本粒子的研究，也與宇宙誕生的研究有關。

占了宇宙96%，某種黑暗的東西

最後來談談宇宙中最大的謎吧。

上次課程中我們有聊到強子（由夸克組成的粒子）。其中，像質子、中子這種，由3個夸克所組成的粒子，就叫做重子。

學過基本粒子理論後，我們就可以計算出宇宙中含有多少重子——也就是可以計算出宇宙中有多少我們眼睛看得到的「物質」。重子的總數就是這個世界（全宇宙）中的總物質數。而我們也知道每個重子的質量是多少，所以把數量與質量相乘，就可以得到整個宇宙的質量。

另一方面，除了基本粒子物理學的方法，科學家們也可以用其他方法計算宇宙質量——用宇宙學、天文學的理論，也可以計算出宇宙的質量。

當科學家們試著從基本粒子物理學與宇宙學等不同角度、以不同方法來計算宇宙的總質量時，卻發現計算出來的結果完全不同。那麼是誰算錯了呢？兩邊都指責對方「當然是你算錯啦！」，不過當然不是這樣。兩邊的答案差了多少呢？答案是25倍。這還真是個很大的問題。

即使把宇宙中所有重子都加起來也只有整個宇宙質量的4%。這表示宇宙中還存

＊另一個宇宙之謎

由基本粒子學計算出來的宇宙質量與
由天文學計算出來的宇宙質量
完全不合！

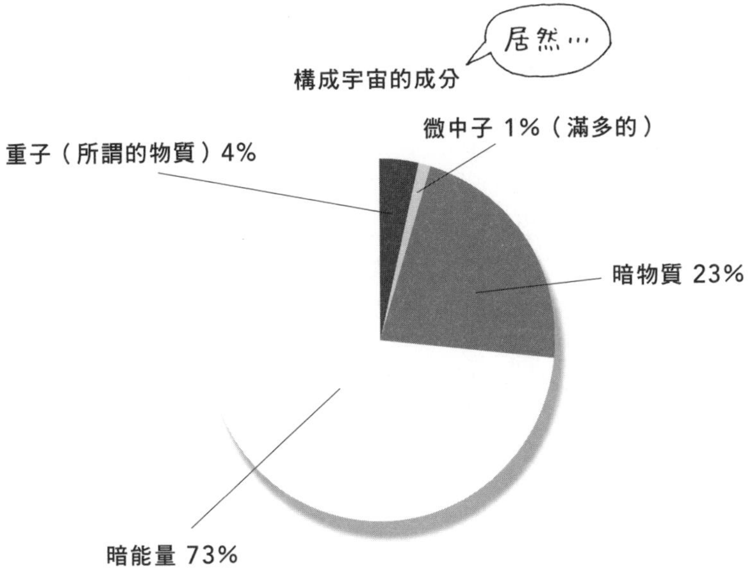

人類所知的只占了整個宇宙的5%……

宇宙有95%以上是某種黑暗的東西

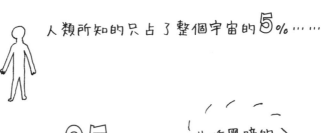

在著其他我們未知的東西，我們還未發現的某種東西——。

之前我曾說過「整個世界是由夸克與輕子組成的」這樣的話，但事實並非如此。宇宙中除了夸克與輕子還存在著某種東西，而且這所謂的某種東西還占了95%以上。這個事實讓科學家們不太舒服。

宇宙論的科學家們在經過各式各樣的研究後，認為所謂的暗物質（dark matter）占了宇宙整體的23%。

有人問了這個問題，

Q 暗物質是什麼呢？

現在我也只能回答各位「我不知道」。因為目前在這方面的研究上還沒有任何發現……。暗物質與我們至今所提到的夸克或輕子不同——只會受到重力影響。雖然我們可以由質量的計算知道它們的存在，卻無法藉由電磁力、強交互作用、弱交互作用找到它們。科學家們現在仍在積極瞭解暗物質是什麼。要是有人找到了暗物質，這個團隊毫無疑問一定可以拿到諾貝爾獎吧。

連愛因斯坦都不知道自己有多天才

所以說，我們並不曉得占了宇宙23％的暗物質究竟是什麼。但就算把這23％暗物質加進來，我們所知的宇宙也不到100％，還有約4分之3的宇宙仍是一團謎。這4分之3的宇宙又更加奇怪了，它們被叫做「暗能量」。

剛才我們有提到愛因斯坦方程式不是嗎？

愛因斯坦一開始在方程式內加入了「宇宙常數項」，後來卻說「要是當初沒加上這東西就好了」、「這是我這一生最大的錯誤」，親自修正了這個方程式。但事實上，這個宇宙常數項後來再次受到了矚目。

原本愛因斯坦是為了防止宇宙愈來愈小進而崩潰，才在數學式上硬塞進了宇宙常數項，用來表示排斥力。不過後來科學家們卻覺得，這個宇宙常數項很有可能真的存在。說不定這個宇宙常數項的真面目就是暗能量。

愛因斯坦如果還活著的話，應該會很激動吧（笑）。原本不得不承認錯誤而拿掉的項目，沒想到居然真的存在。

愛因斯坦就是那麼天才。

那麼這個暗能量究竟是什麼呢？這還真的是個謎團。目前科學家們正在以暗物質為對象進行各種實驗，或許再過幾年就能發現暗物質的真面目了，但人們對暗能量則是一無所知，連如何找到它們都不曉得。這種莫名其妙的東西居然占了宇宙的大部分，很不可思議吧。

所以說，雖然我們花了整整4堂課的時間，不過所講的東西其實只是基本粒子物理學中的一部分主題而已，真的只是一小部分。我們曾提到，重子只占了宇宙的4%。而我們至今的課程只講到基本粒子世界中的4%，真的只有一點點而已。我們詳細說明了微中子這種粒子，此外也講到許多有趣的粒子，像這樣解開一個個謎題，就是我們的工作。

最後，有人問了這個問題。

Q 多田老師有沒有想過，微中子可以有哪些用途呢？什麼時候可以實現這些用途呢？

讓我們認真地面對這個問題吧。

先從結論開始說起。

「從來沒想過」，這就是我的答案。

那我們從課程開始至今講到的東西——花了1500億日圓打造J-PARC，每年花費50億日圓電費，每天進行這樣的實驗來研究微中子的性質，到底又是為了什麼目的呢？

若被問到「這些有什麼用途呢？」，我們也只能回答「不知道」，然後就會再被追問「那為什麼要做這些事呢？拿這些錢去買艘神盾艦不是更好嗎？」。在國會預算會議中我們也曾被問到類似的問題，而我想把這個問題放在最後回答。

在30年前人們想像中的30年後科技

對了，各位知道《超時空要塞》這個電視動畫嗎？這個動畫於1982年時播放，是30年前的作品，那時各位應該還沒出生對吧，而我也還是個小學生。事實上，《超時空要塞》的背景是2009年，差不多就是現在。換句話說，30年前的這部動畫，描寫的就是想像中30年後的樣子。

《超時空要塞》中所描寫的2009年的世界相當先進，飛機可以變身成人型機器人，載人飛向太空與外星人戰鬥，很厲害不是嗎？另一方面，我卻發現了一件非常驚人的事，那就是這個。讓我們來看看這段畫面吧。

「請問是一條輝先生嗎？」

「是」

「喂喂，我是一條」

「輝，抱歉」

「明美！」

《超時空要塞》©1982 BigWest

知道我想講什麼嗎？他們沒有使用手機喔。只是要打個電話，居然要讓搭載人工智慧的機器人到處跑，尋找接電話的對象，再對他說「請接電話」。某種意義上，也算是相當厲害的技術。但當時的人卻沒有想到30年後居然會出現這種小小的手機。也就是說，要預測未來會出現什麼技術，又會怎麼使用這些技術，並不是件容易的事。

手機就是由許多不曉得未來可以做什麼用的技術製作而成

各位不覺得這樣的手機很驚人嗎？或許在各位懂事的時候，就已經到處都看得到手機了，所以不覺得有什麼奇怪，但我小時候可是沒有這種東西的喔，我們只會使用家裡的室內電話。

手機不僅只有電話的功能，也可以拿來瀏覽網站、玩遊戲、聽音樂、當成電子錢包，很厲害對吧。我要是一天沒有它的話，根本就活不下去。我覺得手機真的是很偉大的機械，可以說是現代科學技術的結晶。

不過呢，這些手機會用到的技術並不是開發人員們想著「來製作手機吧！」，然後再一個個開發出來的。這些技術原本是為了其他目的而開發，是有人把這些技術集結起來，才製作出現在的手機。

就拿手機裡會用到的軟體來說好了。

要瀏覽網站時，會用到http這種通信協定技術，它的全名是hypertext transfer protocol。當初為什麼會開發這樣的技術呢？各位現在使用http技術時，通常是為了要瀏覽各種網站、看新聞、玩遊戲之類的……但當初並不是為了這些目的而開發出這種技術。http原本是物理學家們為了交流彼此的資料與資訊，由CERN在1991年開發出來的技術。我們的課程一開始也有講到CERN這個組織對吧，他們管理著世界上最大的加速器LHC，也會製作反物質炸彈（笑）。

就在我剛開始工作沒多久時，日本也開始導入這種技術，第一個使用這項技術的就是高能量加速器研究機構。所以說http://www.kek.jp這個網址就是日本第一個URL。

http原本只是20年前，在基本粒子、原子核物理學這個狹小的學術界內傳遞實驗資料時使用的技術，但現在卻廣泛應用於全世界，在許多與物理學完全無關的地方、在一般人平時的生活中，都離不開這種技術，連用手機瀏覽網頁都得用到這種技術。

因此，很多目前我們看到的技術，其用途與一開始開發的目的完全不同。

研究發表會，就像是把各種商品陳列在東急手創館的架上

再講一個比較好懂的例子吧。

各位有去過東急手創館嗎？我很常去喔。我每次去澀谷的時候都一定會去一趟東

急手創館逛逛，一定會去。當我告訴朋友這件事時，朋友們總是會問：「你那麼常去，都買了些什麼呢？」事實上我幾乎不太會買那裡的東西，只是從一樓逛到最高樓，然後再逛回一樓，就這樣離開，也就是所謂的window shopping。然後我朋友就會對我說：「你是笨蛋嗎？為什麼要為了window shopping特地跑去那裡呢？」但我認為，「只是看過去」也是一件很重要的事喔。

假設你現在想要送禮物給朋友，但完全不曉得要送什麼禮物比較好，於是決定到東急手創館逛逛。你照著順序一一瀏覽過商品架上的東西，當你看到某層樓、某個架上的某個商品時，突然有種「啊，就是這個！」的感覺；接著當你走到另一層樓時，又發現了讓你覺得「居然有這種東西！」的商品。然後如果你把這2個東西組合起來，說不定能變成1個很棒的禮物。

雖然我是拿禮物當例子，但我想在其他方面，各位一定曾經有過那種平常沒特別注意某些東西，卻臨時想到要是有這個東西的話，就可以做到某些自己想做的事的經驗。也就是說，綜覽所有項目時，偶爾會有「靈機一動」的想法。

但要是貨架上沒有陳列商品的話，就不會激發出購物者的靈感。若要問我為什麼要去逛東急手創館，我的回答就是為了獲得新的想法或新的「發現」。東急手創館最近也把自己稱作「Hint Market」對吧。

事實上，科學的世界也是如此，和東急手創館是同樣的概念。

基本上，在科學的世界中，不可能因為想做一支手機，就突然開始開發相關技術，畢竟手機是一種非常複雜的機械。因此一開始會讓各個學者在自己的專業領域研究自己的東西，並且將「這個東西有什麼用途呢？」這樣的問題放在一邊，先發表研究結果再說。這個「發表研究成果」的舉動，就像是「把商品陳列在東急手創館的架上」一樣，每一個學者都會將自己的研究成果陳列在架上。

當下個世代的學者來到這個手創館時，會瀏覽每一個商品架，挑選自己需要的材料。而由這些材料製作出來的——就是手機。手機就是這樣開發出來的喔。如果只是因為有「讓我們來開發手機吧」這樣的想法，就想從零開始開發手機的話，過１００年也絕對開發不出來。科技的世界就是這麼回事。

為了１００年後的人們

因此，當我們在瀏覽一個個研究成果時，乍看之下常會覺得這些東西沒什麼用，研究這些好像沒什麼意義。就算被問到「這有什麼用途呢？」，也回答不出個所以然。但如果每一位研究者在被別人質問「那為何還要繼續研究呢？」時，就真的停止研究的話，商品架上就會變得空無一物。若商品架上空無一物，那麼各位之後的世代——子女、孫子女以及更未來的後代人們便什麼都做不出來了。

特別是我所擅長的基本粒子物理學領域，很可惜的，因為是基礎物理學，實在沒有能夠馬上派得上用場——或者說10年、20年內可以實用化的技術。

這系列課程中所提到的東西，譬如說微中子，從相關理論的提出到實際被發現，中間經過了26年；從弱交互作用的提出到做為弱交互作用媒介的弱玻色子被發現，中間也經過了50年。基礎物理學就是這麼回事。以時間規模來看，50年或100年在基礎物理學的發展過程中並不算什麼。

不過，要是現在我們不把研究成果擺到商品架上，50年後或者100年後，我們的子孫就什麼都做不出來了，因此我們應該要更加努力把自己的研究成果放上去才行。

我覺得在我還活著的這段時間內，應該還是找不到微中子的用途。但總有一天，人們會知道該如何應用微中子。這就是我研究的理由。

基本粒子物理學是為了什麼而存在的呢？這就是答案，為了填滿科學的商品陳列架。

所謂的科學，永遠都是建立在前人的研究成果之上，建構出新的研究成果。這是我在課程最後想要傳達給各位的事。

長篇大論的課程終於結束了，非常感謝各位參與這4次課程。這系列的課程到今天算是告一個段落，不過要是還有機會的話，我也非常樂意再來與各位分享我的心得。

謝謝大家。（鼓掌）

後記

本書的主角，微中子震盪實驗（T2K實驗）於2009年開始測試，從2010年1月起正式開始蒐集資料。到2011年3月為止，共射出了1,000,000,000,000,000,000,000個微中子，超級神岡探測器則捕捉到了121個微中子。

分析結果顯示，其中的6個微中子是電微中子。如本書內容所述，從未有人真正見過緲微中子轉變成電微中子這種現象，而這正是我們所追求的研究結果（參考P198）。這是人類史上首次觀察到微中子震盪，這個研究結果在2011年6月15日時發表，也上過新聞，或許您也聽說過這則消息。

讀過本書之後，想必各位一定也能夠了解到在科學的世界中，若只有觀測到某個現象一次，並不能稱做「發現」了這個現象。必須反覆觀測，提高「正確」的機率才行。比方說，假設我們由單次實驗結果知道我們的推論「有99.3%的機率正確」。可能有的人會認為「既然正確機率在99%以上，應該就可以把它稱作『發現』了吧」，但物理學的世界是非常嚴格的，就算有99.3%的機率正確，也只能說「有這樣的可能」而已。研究者必須進行更多次實驗，蒐集更多資料，確認到他們的推論「有99.9999%的機率正確」，才可以說他們「發現」了什麼。

未來的路還很漫長。

然而，我們的腳步卻因為一件意料之外的災難而停了下來。那就是2011年3月11日發生的東日本大地震。

做為本書內容的4次課程，是在地震前的1月與2月上的課。巧合的是，當時學生們也有提出「要是停電的話該怎麼辦呢？」這樣的問題（P78），我的回答則是「比起停電，我們更怕儀器因地震而損壞」，沒想到不久後就發生了大地震。

若要在容易發生地震的日本使用如此巨大的實驗設施，常伴隨著很大的風險。本書中也有提到，在美國與歐洲，幾乎不用考慮如何防範地震。只有我們需要大費周章地準備一大堆地震防範措施。

我們在設計各種裝置時，確實會準備相當完善的地震防範措施，卻也因此而消耗了很多經費。即使如此，實際碰上地震時，實驗設施仍有一定程度的損壞。在我寫這篇後記的當下，我們仍每天為了恢復實驗的進行而持續努力著。看來距離重啟實驗還有一段路要走。

與沒有地震的國家相比，日本還真是背負著相當大的disadvantage（不利條件）——或許讀者們會這麼想。

確實，我們為了防範地震花費許多金錢與勞力。若地震造成損失的話，還會被追究責任，迫使我們思考更加完善的防範措施，「下次碰上地震時不能再出事」。乍看之下是件很麻煩的事（事實上也真的很麻煩），但也因為我們累積了許多努力，才讓我們的技術有很大的進步不是嗎？

說得難聽點，這次的地震正好暴露出我們日本的許多弱點。許多災難讓人覺得「要是當初能多一點防範就好了」，卻也因為這些災難，使許多「當初就能做好防範」的技術得以誕生，讓我們下一次碰上災難時能把損失降到最低。

只要拿得出錢，就能買到任何成功的技術。但不管花多少錢，都買不到失敗的經驗。只有實際經歷過的人才能得到寶貴的失敗經驗。

我相信，當遭逢人類未曾經歷過的地震後，我們日本人一定能夠催生出足以克服這種地震的新技術。如果這次的地震是千年一遇的災難，那麼我們就讓世界看看什麼是千年一遇的復興！

最後，本書的完成要感謝許多人的協助，包括安排了這一系列課程的中央大學杉並高中的梅田老師、在學期末最忙的時刻還前來聆聽課程，並在每次上課時都提出許多有趣問題的學生們、為本書繪製插圖的上路ナオ子小姐，讓不擅長物理的人也一看就懂、為本書設計風格的鈴木成一先生與岡田玲子小姐、爽快提供J-PARC照片的西澤丞先生、能夠忍受時常拖稿的我，並給予我各種指導的編輯高良先生，以及最重要的，買下這本書的各位讀者。在此表達我真誠的謝意。

非常感謝。

多田 將

二〇一一年七月十二日

協力

中央大學杉並高等學校

三年級生　浅野智之・岡野敏幸・神戸力・小林広明・斉藤裕平・瀬戸山智・三浦亮・谷高和也・山本英尭・横石優・大橋くるみ・五艘優奈・伊藤優・岸本駿哉・冨田健・濱野潤・原田健太・眞野目農・渡邉泰典・遠田郁美・平林未彩希・藤田紗月

二年級生　鈴木紘二郎・高野智史・水谷郁

一年級生　本間祐輔・大迫香穂・周藤憲一郎・三村周平・岩瀬建也・加藤誉士・近藤航・高山慎一郎・堤晴樹・山本舜介

理科教師　梅田洋一

高能量加速器研究機構（KEK）

西澤丞（J-PARC照片：日文版書封及P65～72）

多田 將

1970年出生於大阪府。
京都大學理學研究科博士畢業。
曾任京都大學化學研究所兼任講師，
現為高能量加速器研究機構・基本粒子原子核研究所助理教授。

插圖　上路ナオ子
風格設計　鈴木成一設計室

基本粒子物理超入門
一本讀懂諾貝爾獎的世界級研究

2018 年 11 月 1 日初版第一刷發行
2020 年 7 月 15 日初版第二刷發行

著　者　多田將
譯　者　陳朕疆
編　輯　劉皓如
美術編輯　黃郁琇
發 行 人　南部裕
發 行 所　台灣東販股份有限公司
<地址>台北市南京東路 4 段 130 號 2F-1
<電話>(02)2577-8878
<傳真>(02)2577-8896
<網址>http://www.tohan.com.tw
郵撥帳號　1405049-4
法律顧問　蕭雄淋律師
總 經 銷　聯合發行股份有限公司
<電話>(02)2917-8022

國家圖書館出版品預行編目資料

基本粒子物理超入門：一本讀懂諾貝爾獎的世界級研究 / 多田將著；陳朕疆譯. -- 初版. --臺北市：臺灣東販, 2018.11
312面；14.7×21公分.
ISBN 978-986-475-810-4 (平裝)

1.粒子 2.核子物理學

339.4　　107016984